Fukushima
-
hatsu

Fh選書

Fukushima-hatsu

| 課題と争点 |

核惨事！

［nuclear disaster］

東京電力
福島第一原子力発電所
過酷事故
被災事業者からの訴え

渡辺瑞也
Watanabe
Mizuya

批評社

はじめに

あの3・11から5年半以上が過ぎた。

故郷というものは誰にとってもかけがえのない宝物である。それは恰も母にも似て、傍から見れば何の変哲もない、どこにでもあるありきたりのものでしかないが、その人にとってはこの世でただ一つの、本当にかけがえのない宝なのである。

福島原発事故は、この母なる故郷を永遠に奪い去った。

福島原発事故被災者にとっては、聞いたこともない専門的な言葉の洪水を浴びながら、行政の指示に振り回され、明日の見通しも立てられないまま右往左往するばかりのこの5年余であった。この間、本当に宝物のような、かけがえのない沢山の〝コトとモノ〟を奪われてきた。そして、終わりのない放射能の脅威に晒されながら、これからも一体どれだけの〝コトとモノ〟を失って行くのだろうという不安を抱えながら今を生きている。そしていま、福島県民は、これまでは自分達とは全く無縁なものと思っていた〝国家によって遺棄される民〟が他ならぬ自分の身に起こりつつあることを徐々に感じ始めている。

巨大津波に襲われ、総数2万人近い人々の命が突然奪われた東日本の太平洋沿岸部の人々の深い悲しみや自責の念は一生消えることはない。そして地域社会の再生への労苦もまだまだ続く。しかし、冷酷な言い方になるが、復興という言葉に限って語るならば、それでも大地震や巨大津波よる災禍は人類にとっては既知の自然災害であり、それだけなら被災地の復興や再生はいつしか必ず達成されるかもしれないという希望は持ち続けることができる。

しかし、東日本大震災という呼称に包含させられてしまった東京電力福島第一原子力発電所の複数原子炉の炉心溶融貫徹（メルトスルー）事故[*1]（以下、福島原発事故、と略称する）による災禍は、自然災害とは全く異質の産業災害であり、悪魔にも似た放射性物質を東日本全域に大量にばら撒いた人災である。環境を汚染した物質が、あらゆる生物の生命活動を外側からも内側からも破壊し続ける放射性物質であるということが、原発過酷事故という人災が持つ究極的悲劇の本質である。

これまで、我が国における放射能被害の最たるものは、言うまでもなくアメリカによる広島と長崎への原爆投下によって引き起こされた凄惨極まりない被ばく戦禍である。その後、広く国民に知られた被ばく事件として、１９５４年（昭和29年）に起きた、同じアメリカによるビキニ環礁水爆実験によって被ばくさせられた第五福竜丸事件[*2]や、１９９９年（平成11年）の東海村ＪＣＯ臨

＊1　**炉心溶融貫徹（メルトスルー）事故**　炉心溶融（メルトダウン）は、原子炉中の燃料集合体が（炉心を構成する制御棒やステンレススチール製の支持構造物等をも含めて）核燃料の過熱により融解すること。または燃料被覆管の破損などによる炉心損傷で生じた燃料の破片が過熱により融解すること（Wikipedia）。また炉心溶融貫徹（メルトスルー）は、メルトダウンして圧力容器の底にたまった燃料集合体や燃料破片が更なる持続する高熱によって圧力容器の底を溶かして突き抜けた状態を指す。１９７９年のスリーマイル島の原発事故はメルトダウン事故であり、１９８６年のチェルノブイリ原発事故及び福島原発事故はメルトスルー事故である。

さらに圧力容器を収納している格納容器まで突き抜けてしまうと、膨大な放射性物質が地中から外部に漏出していわゆるチャイナシンドロームといわれる状態になる。

＊2　**第5福竜丸事件**　１９５４年（昭和29年）３月１日、静岡県焼津漁港の遠洋マグロ漁船「第五福竜丸」（乗組員23名）が太平洋・マーシャル諸島のビキニ環礁近くで、米国の水爆実験による死の灰を浴びる事件が起こった。

第五福竜丸の船長は事前に水爆実験の通知を受けていて安全地帯にいたが、水爆実験３時間後の午前７時頃から、船の甲板に白い灰が雨といっしょに降り始めた。

被爆後２日目から乗組員達に、頭痛、嘔気、めまい、下痢、脱毛等の異変が生じた。このため同船は２週間後の３月14日焼津港に戻ったが、乗員23名は緊急入院となり、船倉冷凍マグロからは異常な放射能値が出た。23人の乗組員は入院して治療を受けるが、その年の９月に無線長・久保山愛吉（当時40歳）が死去した。残る22人は退院するものの、その後は長く後遺症に悩まされた。当時の乗組員の大石又七氏は３・11直後に「私たち二三人の乗組員の内、半数がすでに被爆と関係あるガンなどで亡くなっています。私も肝臓ガン、最初の子どもは死産で奇形児、今も白内障、気管支炎、不整脈、肺には腫瘍を抱界事故等[*3]がある。

これらの重大な核被害を受けた我が国では、核に対する恐怖心が強く、他の先進諸国に比して反核運動がより大きく盛り上がったが、残念ながらその後の我が国の原子力政策を根底から突き崩すまでには至らず、政官産学複合体からなる原子力ムラ利権集団が捏造した安全神話が圧倒的支配力を発揮して54基もの原発を稼働させるまでになっていた。

福島原発事故の被災者／被害者として東電と国に接してきたこの5年以上の経験から筆者が学んだことは、「国防のためには軍事から民生に至る広い意味での核技術は手放さない」という国家権力の強固な意思があって、「これを守るためには自説の論理矛盾や国民の犠牲には目をつむる」ことも辞さないという権力行使者層の開き直りの姿勢は容易には揺るがないであろう、という実感である。

東電は、「福島原発事故は巨大津波という想定外の自然災害によって起きたもの」であって過失責任はない、と主張している。この主張自体は東電の責任逃れの方便なのであるが、この文言を別な角度から解釈してみれば、「原発は今後も想定外の要因によって過酷事故が起き得る」と言っているのと実は同義なのである。つまりは、何と東電は「原発には絶対安全はない」ことを図らずも、そしてはじめから告白していた、と読み替えることもできるのである。

しかし、現在の自公連立政権は「原子力規制委員会が認めた原発は再稼働させる」として次々に原発を再稼働させてきている。当の原子力規制委員会の田中俊一委員長が「原子力委員会は『審え嗅覚も消え、三二種類の薬を飲みながら命をつないでいます。しかし日米政府はこの大事な事件を被爆者や被害者の頭越しに政治決着を結んで解決済みにしたため、私たちはその時点から被爆者として認められず亡くなっても発病しても援助も治療も受けていません。」というメッセージを発表している。

この水爆実験で被ばくしたのは第5福竜丸だけではなく、実験場近傍にいた約900隻もの日本の漁船や200名以上の地元住民も被ばくしていたことが分かっている。

＊3　**東海村ＪＣＯ臨界事故**　1999年（平成11年）9月30日、茨城県東海村の株式会社ＪＣＯの核燃料加工工場で起きた臨界事故。高濃度の溶化ウラン（硝酸ウラニル溶液）をバケツで沈殿槽に流し込んでいたところ、鋭い音と青い閃光と共に臨界事故が発生した。これによって、中性子線を含む多種類の放射線がこの事故当時直接作業に従事していた大内久（当時35歳）さんと篠原理人（当時39歳）さんを被ばくさせた（推定被ばく線量は6～20シーベルトとされる）。事故から83日後には大内さんが、そして211日後には篠原さんが、共に多臓器不全で亡くなった（大内久さんの壮絶な治療記録は、ＮＨＫ「東海村臨界事故」取材班：朽ちていった命～被曝治療83日間の記録、新潮文庫、2011年4月（初版本は2006年9月――2002年に「被曝治療83日間の記録　東海村臨界事故」のタイトルで岩波書店から単行本で出版されたものが原版となっている――）に詳しい）。もう一人の事故現場近くにいた横川豊氏は重症であったが幸いにも救命された。

国際原子力事象評価尺度（ＩＮＥＳ）レベル4とされたこの事故では、事故現場から半径350ｍ以内の住民約40世帯への避難要請、500ｍ以内の住民への避難勧告、10km以内の住民10万世帯（約31万人）への屋内退避および換気装置停止が呼びかけられ、現場周辺の県道、国道、常磐自動車道の閉鎖、ＪＲ東日本の常磐線水戸－日立間、水郡線水戸－常陸大子・常陸太田間の運転見合わせ、自衛隊への災害派遣要請といった措置がとられた。最終的には667名が被ばく者と認定された。

査が終了したことを以ってその原発は安全である』とは言っていない」と責任の所在を曖昧にしつつ明言しているにもかかわらず、である。

自公連立政権のこの考えを具現化した動きとして、2016年（平成28年）1月29日、関西電力は福井県高浜原発3号機を再稼働させた。これは貯まり続けているMOX燃料[*4]を燃やすための原発がどうしても必要だからである。

これ以前に既に政府は九州電力薩摩川内原発1号機の再稼働を許可していたが、こともあろうに九州電力は3・11の犠牲者たちの月命日である2015年（平成27年）8月11日にこれを再稼働させている。

いずれも、日本の電力供給は総体として十分足りていることが明らかとなっている中での再稼働の強行である。

2011年（平成23年）3月の福島原発事故当時は、原発が動かなければ我が国の電力供給体制は重大な危機に陥り、経済産業活動と医療活動に大きな障害をもたらし、電気料金は大幅に高騰する等の危機感を煽る国や電力会社のデマに等しい脅迫によって、一般の国民は原発稼働止む無しという必要悪論を刷り込まれていた。

しかし、この間の約5年余の時間は、3・11当時に喧伝されたこれら原発必要論が偽りであったことを明らかにした。つまり、わが国の電力供給体制は原発がなくとも充分に維持できることを事実を以って証明したのである。

＊4　**MOX燃料**　MOX燃料とは、使用済み核燃料を再処理してプルトニウムを取り出し、これを二酸化ウランと混ぜてプルトニウム濃度をより高めた核燃料を指す。MOXとはMixed Oxide（混合された酸化物の意）の略記。

プルトニウムを燃料とする高速増殖炉による原子力発電システムを構築しようとした核燃料サイクルは、高速増殖原型炉もんじゅの失敗によって大きくつまずいているが、我が国に蓄積されてきたプルトニウムを減らすという国際的至上命題をクリアするためには、MOX燃料を製造して既存の原発で燃やし続けるという選択しか残されていないのが現状である。

MOX燃料は燃料温度が高くなって炉心溶融を起こしやすく、使用済み燃料の処理もより難しいとされている。

これまでにMOX燃料が使われていた（又は計画されている）国内の原発は以下の如くである。

◎本格運転が行われていた軽水炉

- 東京電力福島第一原発3号機
- 九州電力玄海原発3号機
- 中部電力浜岡原発4号機
- 四国電力伊方原発3号機
- 北海道電力泊原発3号機
- 関西電力高浜原発3号機

◎搭載が計画されている軽水炉

- 東北電力女川原発3号機
- 電源開発大間原子力発電所

（以上は主にWikipediaに拠る）

このように変化したエネルギー問題に関する現在の国民の意識を挑発するように、是が非でも一定数の原発を稼働させなければと目論むのは、電力供給問題がその主たる理由ではない。どうしても再稼働させなければならない理由が実は他にあるからなのだ。

自らの論理矛盾を取り繕うことさえせず、なりふり構わず原発再稼働を強行している自公政権と原子力ムラ利権集団の強固な連携鎖を目の当たりにすると、これを突き崩すことは容易ではなく、このままでは、被災者／被害者の賠償や支援はうやむやにされ、結局は〝やられ損〟の形で放置される怖れが極めて大きいのである。

しかし、それ故にこそ、この福島原発事故に遭遇させられた被災者／被害者としては、この間に身を以って学んだ核開発、核兵器開発という「原発問題の根底にある重大問題」について、一人でも多くの人たちに知ってもらえるよう努力して行かなければならないとの思いを新たにしている。

年間追加被ばく線量が1ミリシーベルトを大きく超える、「原子力緊急事態宣言」発令中の環境下で生活することを強いられている福島県やその近接諸県に住む人びとを、これ以上悩ませるようなことは誰もしたくはない。能《あた》うことなら放射線による健康障害がこれ以上発症することなく、地域社会が順調に復興してほしいと心から願っている。

しかしながら筆者は、学べば学ぶほど、国や東電、そして少なからざる数の大学アカデミズムの〝専門家〟が言っていることは信頼できないことが分り、最悪の場合、今後、原発事故被災地域では亜急性から慢性の放射線障害や遺伝性障害が徐々に増えて行くという懸念を払拭できないという認識に到達したのである。これが筆者の単なる杞憂に過ぎないことを心底から願うものであるが、果たしてどうであろうか。

転ばぬ先の杖という諺に寄せて、ある量の初期被ばくに晒されたことが明らかである場合や、汚染された地域に住み続けている場合は、年齢や性別に関わりなく、最悪の事態を予測して定期健康診断やがん検診などを積極的に受けて、放射線障害の早期発見早期治療という自衛策を講ずることが是非とも必要であると思う。国や〝専門家〟の唱える安全安心という公式見解は必ずしも科学的根拠に基づかない政治的なバイアスがかかっている。しかも今後、国の責任で被ばく者全員の健康管理を行う意思がないことが明らかとなった現状では、先ずは個々人が最悪の事を考えて自衛のための行動をとることは決して責められるべきことではないと思う。

3・11以降、これまでの5年余の間に、夥しい数の原発関連の書籍が出版されてきていて、もはや論点は出尽くしてしまった感もある。そしていま、こうして新たに原発関連の出版物を世に出す意味が果たしてあるのかという疑問を筆者自身が感じている。

だがしかし、原発事故の被災者数は膨大であり、その蒙った被害は甚大であって、且つその内容も千差万別であるが、それぞれが万感の思いを抱きながら〝福島原発事故過酷時代〟を過ごしてきた。しかしまだ、原発事故を巡る様々な問題に対して被災者自身が自らの体験を基にその思いや考えを書籍にまとめたものはそれ程多くはないように思われる。そこで、『ある原発事故被災者からの報告』という内容の出版物をまとめることを通して、改めて原発が持つ根源的な恐ろしさや理不尽さを描き出し、世に公表することで原発の廃絶に向けた民意の強化と拡大にいささかなりとも寄与できるかも知れないと考え、敢えてこういう形で出版することとした。

あの3・11から5年半が過ぎた。

被災者にとっては被害はまだ続いており、心の傷を癒し、かつての日常を取り戻すにはまだまだ多くの時間と支援が必要である。

一方、国の中枢を担う霞が関や永田町では、3・11原発事故被災問題をすでに終息したかのように急速に風化させる風潮が蔓延しつつある。5年余という時間が、政治課題の移り変わりとその担い手の交代という変化をもたらし、原発事故直後の諸々の課題は「対応方策は既に決着済み」として次第に過去化され、当時ほど重大視されなくなっている。被災現地の福島県では中央省庁から来ている担当役人は頻繁に交代し、前任者と交わした約束が簡単に反故にされるようなことも起きている（福島民報　2016年（平成28年）2月24日「3・11」から5年――復興を問う　霞が関の都合（11）など）。こうした国家公務員の人事制度が政策の風化をさらに加速させる要因になっているが、同時に、大手マス・メディアが電力企業や電気連合の宣伝・煽動に依存しているという企業体質等の問題を含めて、「人心はうつろい易い」という悲しい宿命を感じてしまうのである。

本書がそうした風化の流れに小さな一石を投ずることができるのであれば、被災者／被害者としての筆者の責務の一部を果したことになるのかも知れないと思っている。

Ｆｈ選書〔Fukushima-hatsu：課題と争点〕

核惨事！(nuclear disaster)

――東京電力福島第一原子力発電所過酷事故被災事業者からの訴え＊目次

序章

平成23年3月11日に発生したマグニチュード9・0の東北地方太平洋沖地震は、2万人近い人命を奪った未曽有の巨大津波と、世界最大の原子力災害となる福島原発事故という二つの大災害をもたらした。

筆者は、これを東日本大震災と称することには問題があり、より正確には『平成23年（2011年）東日本大震災・原発事故複合大災害』と命名すべきであると思っている。それは以下に述べるような理由による。

「東日本大震災」という名称は改められるべきである

2011年（平成23年）3月11日の「平成23年（2011年）東北地方太平洋沖地震」による直接

的被害の大部分は主に巨大津波によるものであり、内容的には例えば１８９６年（明治29年）の明治三陸地震津波という名称との類似性が大きい。一方、東日本大震災という名称は専ら地震による災厄を指す響きを持つ呼称であり、それは例えば１９２３年（大正12年）の関東大震災という名称が大正関東地震による地震災害に対する呼称であったように、これと同種の災害であったと誤って伝承されて行くおそれが大きい。つまり、東日本大震災という名称だけでは巨大津波が主たる被害要因であったことが十分に反映されておらず、ましてや東電福島原発過酷事故とそれに由来する災厄は含まれなくなってしまうのではないかと心配になる。

それでも後代において、東日本大震災とは平成23年に起きた東北地方太平洋沖地震による津波被害を中心とした震災である、として語り継がれることはあるかも知れないが、これによって引き起こされた世界的にも先例のない3基もの原発の連続炉心溶融貫徹（メルトスルー）事故のことは抜け落ちてしまいはしないかと危惧するのである。

原発事故被災者／被害者としては、東日本大震災という現在の名称では災害の実態を表すには不完全であり、これを改称して、新たに『平成23年（２０１１年）東日本大震災・原発事故複合大災害』と名付けて欲しいものだと思っている。つまり、3・11は我が国においては勿論、世界史的に見ても前例のない巨大な複合的な災害なのであるから、このような新しい呼称が付与されて然るべきではないかと考えるのである。これは、現在、各被災地で進められつつある震災遺構の構築への思いにも通ずる重要な問題ではないかと思う。

１９９７年に石橋克彦氏が提唱した「震災原発」という考え方は、原発事故の主因を津波ではなく地震に置いているだけで、この度の3・11複合大災害を正しく予告したものであったと言えよう。

3・11から現在に至る5年余に及ぶ原発事故被災地（以下、原災地と略称）の蒙った被害の諸相は極めて複雑多岐であり、これを詳述するには膨大な紙幅を要することになる。そして何よりも、放射性物質という人々の生活の場を半永久的に奪う悪魔のような物質に脅かされ、故郷を追われ、帰還を拒絶され、未来を奪われてディアスポラ化させられてしまった数万人に及ぶ無辜の民の無念さと怨念について、加害者である国と東電は深くこれを胸に刻み、加害責任を完全に果し、今後のわが国の選択すべき価値観と進むべき道について広く国民的議論を巻き起こし、それに立脚した対応を真摯に実行して頂きたいと思う。

法的賠償打ち切りと放射線被ばく障害の恐怖

筆者が経営管理責任者として勤務していた職場は、東京電力福島第一原子力発電所から北北西に約18㎞の距離にあったので、原発事故後間もなく警戒区域に指定された。筆者の住まいはさらにそこから約7㎞北の、原発からは約25㎞の距離にあって、事故後間もなく緊急時避難準備区域に指定された。

この3・11の福島原発事故によって奪われた筆者の生活――職業生活と日常の地域社会生活

——は、約5年半を経た今でも何も回復しておらず、今後の見通しも立てられないまま、東電からの補償が次々と打ち切られてきている。このままだと、平成28年度で全ての賠償が打ち切られそうな情勢である。月10万円の精神的損害賠償は1年半（18カ月分）で打ち切られ、就労不能損害賠償は4年（48カ月分）で打ち切られた。唯一職場再生への頼みの綱であった営業損害賠償（実質は逸失利益補填）も職場は再開できていないにもかかわらず6年（72ケ月分—平成29年2月まで）で打ち切られようとしている。

福島原発事故の原災地は、除染後もなお年間追加被ばく線量[*1]が本来の法的線量基準を大きく上回る高線量地域であって、避難指示が解除されても若い人達は戻って来ることはできず、それ故にかつての地域社会が完全に元に戻ることは望み得なくなっている。つまり、将来、復興の見込みのない状態に地域社会が徹底的に破壊されてしまうような原子力災害は他の災害に比肩し得ない核惨事特有の災害であって、現在行われているような部分的で短期間の補償によって元の地域社会生活が取り戻せる筈はないのである。従って、現在行なわれている〝賠償〟は、圧倒的大多数の原発事故被災者に対する〝賠償〟としては極めて不十分なものであって、このまま打ち切りが進めば、民法709条に規定されている法的損害賠償は行われないまま「東電原発事故賠償問題」は終結してしまう恐れがある。

これら物的・経済的損害に対する賠償問題に加えて、放射能による健康障害に対する国の対応は極めて不十分であり、当然のことながらこれに対する東電の賠償は今のところゼロである。

福島原発事故災害を巨大地震津波災害と同列に論じてはならないのは、原発事故災害が膨大な放射性物質による広範な環境汚染と、放射線被ばくという医学・生物学上の重大問題を抱えているためである。しかし、現在の国と福島県、東電の基本姿勢は、これらをできるだけ少なく小さく見積り、原発被災者を可及的速やかに元の地域に帰還させて賠償額をより少なく抑えようという矮小化方針をとっている。

現に、福島県における小児甲状腺がんについて国と県は、2016年（平成28年）9月14日の第24回『福島県「県民健康調査」検討委員会』において小児甲状腺がん又はその疑いの例が174名

＊1　**年間追加被ばく線量**　国や地域によってまちまちの自然放射線や医療放射線に起因する被ばく線量を除いた純粋に人工放射性物質に起因する年間積算被ばく線量を指す。国は、年間追加被ばく線量1ミリシーベルトであるためには、実測値で0・23マイクロシーベルト／時であるとしている。しかし厳密に言えばこれは科学的値ではなく、正しくはその約2／3の、実測値0・154マイクロシーベルト／時とすべきである。

環境省が示している算出方法では、地上50cm～100cmの高さで測定された値が0・23マイクロシーベルト／時で年間追加被ばく線量が1ミリシーベルト／年になるとしているが、これには一日の被ばく時間を24時間でなく14・4時間として計算するという政治的操作が加えられている。厳密に計算すれば年間1ミリシーベルト追加被ばく線量は1000（マイクロシーベルト）÷24（時間）÷365（日）＝0・114マイクロシーベルト／時ということになり、これに大地からの放射線量0・04マイクロシーベルトを合算すると、実測値としては0・154マイクロシーベルト／時（＝1・35ミリシーベルト／年）を以って実質的な年間追加被ばく線量1ミリシーベルトに相当する、ということとなる。

もの多数に上っていることが明らかになったにもかかわらず「現時点では被ばくの影響は考え難い」という驚くべき見解を堅持している。

さらに2016年（平成28年）9月に福島市で開催された「放射線と健康についての福島国際専門家会議」では、小児甲状腺がんの検診を縮小させるべしという意見が公に述べられたという。福島原発事故と国民の健康障害との間に因果関連を認めようとしない国のこうした基本姿勢のために、放射線被ばくによる多くの健康障害例が故意に見落とされ、見逃されて疾病統計には計上されないようになって行く疑いが強い。

3・11後の私達の健康障害

3・11以降、筆者自身はサイト（原子力発電所）から18kmの距離にあった職場にトータル72時間余り居続けたことになるが、この間2011年（平成23年）3月12日にはにわかに下痢に襲われた。2012年（平成24年）頃から歯槽膿漏が悪化したのか次々と歯がぐらぐらして抜け始め、2014年（平成26年）までには5本も抜けてしまい遂には部分入れ歯になってしまった。さらに2014年（平成26年）4月には原因不明の不整脈が現れて精密検査を受ける羽目になったが、幸いこれは軽く済んで今は無理をしなければ大丈夫な程度になっている。がしかし、事故から約4年半後の2015年（平成27年）10月にはポリープ由来ではないデノボ型の結腸がんが見つかり、一時は真剣にこの世との別れを考えた時もあった。が、幸いステージⅡということで手術＋抗がん剤の補助的服用という処置を受け、現在は無加療にて経過観察を行っているが先行きは不安である。抗がん剤服用4ヶ月目頃から不整脈が再燃してきたが、抗がん剤の服用が終了して不整脈も改善して来ている。

さらに追い打ちをかけるように、2016年（平成28年）2月下旬になって筆者の妻が俄かに体調不良を訴え、循環器病センターを紹介されて精査を受けたところ高度房室ブロックと診断されて急遽心臓ペースメーカーの植え込み手術を受ける羽目になってしまった。妻もまた原発事故当時、南相馬市に筆者と共に居住しており、2011年（平成23年）3月12日から飯舘、川俣、福島市方面に避難して、約2週間ほどの間、原発から50〜60㎞北西部の地域で過ごしていたことになる。

その時以降、私達は仙台市で生活しているが、私達にとってはこの2週間に受けた初期被ばく量がどれ程の量であり、どのような健康障害が現れるのかは不明であることが大きな不安要因である。study 2007氏[*2]が指摘する「初期被ばく」が事故後（4〜5年後）の今になって、筆者の不整脈

＊2　**study2007**　「見捨てられた初期被曝」（岩波書店、2015年6月）の著者名。茨城県在住で原子核物理の研究職に就いていた。2007年にステージⅣbの肺癌と診断され、study2007のハンドルネームで闘病記録をブログで公表していたが、3・11福島原発事故において、「初期被ばくから住民、とりわけ子どもを守るために何が足りなかったのか、また、被害を小さくみせかけるためにどのようなすり替えが行われてきたのかについて明らかにしたい」（著書まえがきより）との思いから岩波書店『科学』誌上に投稿し、上記の書籍を出版した。2015年11月逝去。

や結腸癌、妻の房室ブロックという形でほぼ同じ時間経過の後に臨床症状の出現という形となって現れたのではないかという疑いを完全に拭い去ることはできないでいる。しかしこれらの病気が、たとえ放射線初期被ばくによる障害であったとしても、〈年齢のせい〉や〈生活習慣由来のもの〉とされ、放射線初期被ばくとの因果関連を国や東電に認めさせることはおそらく不可能に近いと思わざるを得ない。しかし本来は、加害者である国や福島県、東電がこれらの疾病の発症は、放射線初期被ばくとの因果関係がないことを科学的に立証する責任があると思う。それができなければ、放射線被ばくによる健康障害問題について責任が問われて然るべきではないかと思うのである。

「原発症」の発生と救済と治療

原発事故後5年半が経ったいま、これまでＵＮＳＣＥＡＲ（原子放射線の影響に関する国連科学委員会（United Nations Scientific Committee on the Effects of Atomic Radiation））が唯一原発事故との因果関連の可能性を認めてきた小児甲状腺がんと白血病だけでなく、それ以外の、例えば心臓血管系や脳血管系の疾患（心筋梗塞を含む急性心不全やくも膜下出血など）、さらには悪性リンパ腫や固形がん等の発症や死亡例が、既に東日本全域で増加している可能性が高く、今後さらにこれらが増えて行くのではないかと懸念されている。原災地における健康障害問題は今後極めて重大な局面を迎える可能性が高くなることが心配である。

従って、国は、原爆症と似た概念として、例えば「原発症」という新たな概念を設定して、常時発生している環境への放射性物質の漏出や原発事故後に発生した放射性物質による被ばくと健康障害との因果関連について科学的に検証し、救済と治療のための政策を立てる必要があると思う。

このように、原発過酷事故に対する様々な不安と不信が、あたかも低く垂れこめた暗雲のように国民の頭上に広く覆いかぶさっている中で、九州電力はあろうことか3・11の犠牲者たちの月命日である２０１５年（平成27年）8月11日に薩摩川内原発1号機を再稼働させ、次いで同年10月15日、同2号機を再稼働させた。さらにその後、関西電力高浜原発や四国電力伊方原発も原子力規制委員会の審査を通って再稼働させており（その後再稼働した高浜原発は大津地裁の判決によって運転停止に追い込まれたが）、今後も次々と各地の原発が再稼働することになりそうな情勢である。

国、東電を中心とする原子力ムラ利権集団は、福島原発事故をすでに終息したものとして、海外への輸出をも含めた原発立国への道を歩もうとしている。そして残念ながら、福井地方裁判所の樋口英明裁判長が下した原発再稼働差し止め判決は、わずか7か月後に樋口英明裁判長と入れ替わった林潤裁判長、山口敦士裁判官、中村修輔裁判官によって取り消されてしまい、司法は行政の追認機関に堕して、三権分立幻の如しとの失望感を広げたのである。

この判決を受けて関西電力は、早速２０１６年（平成28年）1月29日には高浜原発3号機を再稼働させ、同2月26日には4号機を再稼働させるとした。4号機に関しては再稼働後間もなく二度にわたる事故を起こして稼働を頓挫せざるを得ない状況に陥った。こうした中で２０１６年（平成28年）3月9日、大津地裁の山本善彦裁判長は滋賀県の住民の訴えを認めて稼働中であった3

号機も含めた高浜原発2基の運転を差し止める仮処分決定を出した。

これは司法の矜持を示した画期的な判決であり、高く評価されるものである。しかし、最高裁事務総局はこれを覆すべく、「送り込み人事」によって現自公政権寄りの判事を送り込もうとしていると言われている。つまり、原子力ムラ利権集団と一体化した司法上層部は今後も原発推進の科学的判断と法的根拠を示すことなく、無定見な利権漁りに加担して行く虞が強く、現在の司法界のあり方が大いに危惧される状況である。

放射性廃棄物「トリチウム」と健康障害

このような現自公政権の原発再稼働に対する前のめりの姿勢が何に由来し、どこへ向かい、どれ程危険な道であるかについては本文の中で詳述する予定であるが、ここではトリチウムについての最新情報について少しだけ言及しておきたい。

２０１５年（平成27年）12月、「市民と科学者の内部被ばく問題研究会」は、「トリチウムの危険性――汚染水海洋放出、原発再稼働、再処理工場稼働への動きの中で改めて問われるその健康被害」という論文を公表したが、その中で、これまであまりにも小さく見積もられてきたトリチウムの健康への影響に関して改めて言及している。詳細は省くが、結論部分だけを要約すると、

「トリチウムは必ずしも原発事故に由来するものだけではなく、原発が稼働し始めてから今日まで世界中で環境中に放出されてきたものであるが、これまでそれが健康に与える影響について

は不当に小さく評価されて来たためにあまり問題にされてこなかった。しかし、いくつかの生物学的基礎研究や疫学的研究から、原発周辺地域においてはダウン症、新生児死亡、小児白血病、さらには乳がんや急性リンパ性白血病等の発症率が有意に高い」と結論付け、「今後加圧水型原子炉の稼働や六ヶ所村での使用済み核燃料の再処理が稼働すれば、桁違いの量のトリチウムが環境中に放出され、全世界的な規模で放射能汚染がさらに拡大深化する」と警告している（因みに、福島第一原発では、事故前の２００９年度１年間に約２兆ベクレルのトリチウムを放出していた、という２０１６年（平成28年）５月３日付河北新報の報道もある）。

かねがね懸念され、恐れられていたトリチウム（重水素）のβ崩壊に起因する放射線障害の問題がついに現実的な重大問題として浮かび上がってきたのである。このトリチウムによる健康障害という重大事項がこの研究会が主張する通りの問題を有しているならば、原発は事故さえ起こさなければ大丈夫、というのではなく、通常の稼働中に絶えず健康が脅かされ続けていることになる。また、福島第一原発の汚染水中の大量のトリチウムについて、原子力規制委員会の田中俊一委員長は早く海水中へ放出せよと言っているが、これはとんでもないことである。さらに青森県六ヶ所村における使用済み核燃料の再処理が行われれば甚大な量のトリチウムが常時大気中や海水中に放出されることになり、これまで以上に広範な人々に健康被害が及ぶようになることが心配される。

１９１５年生まれのアメリカの統計学者ジェイ・マーチン・グールドは、定年退職後の１９８４年（69歳）から放射能と癌発生に関する疫学的検討を行い、１９９４年には『Deadly Deceit』（肥田舜太郎、斉藤紀共訳：「死にいたる虚構――国家による低線量放射線の隠蔽：アヒンサー」、ＰＫＯ法「雑則」を広める会、２００９年、非売品）を、１９９６年には『The Enemy Within』（肥田舜太郎ら共訳：「低線量内部被曝の脅威：原子炉周辺の健康破壊と疫学的立証の記録」、緑風出版、２０１１年）を、それぞれ出版し、原発周辺地域では他の地域に比べて乳癌をはじめ、免疫の異常や低出生体重児等が有意に多いことを示したが、その要因のひとつに、当時はあまり注目されなかったこのトリチウムがあったのかも知れない。

以上に述べてきたそれぞれの課題について、次章以降の本文の中で改めて詳述して行くこととする。

第1章
事故直後から現在までの原災地の状況

3・11からの約5年余の原災地の全ての状況を正確に記述することは、おそらく不可能なことであろう。

一般的には、記述者の年齢や性別・職業等の特性による違いに加え、どこでどのような被害を受けたか、情報源は一次情報か否か、何をどういう視点から取り上げるか等々によって語られる情報内容はまちまちになるであろうし、いかに全体的、客観的に表現しようとしたとしても、被災地が受けた個々の被害を含む全ての被害状況を詳細に描き切ることは実際には不可能だからである。

ここでは筆者が自ら直接体験したことを中心に据えて、その関連事項に関して調べることができた範囲のことを概括的に記述しておきたい。

その際、被災者として中軸に据えるべき視座は人々の生活と生き甲斐という人生の中核的価値がどのように損壊されて行き、どのような現況にあるかを可能な限り詳らかにする、というものでなければならないであろう。そうした作業こそが被災者／被害者自身が発する損害実態の現認報告であり、原発事故が包蔵している究極的反人間性を明らかにする道へと連なるものと思うからである。

1・1　原発の爆発と避難指示

２０１１年（平成23年）３月11日（金）午後２時46分に来襲した東北地方太平洋沖地震は、筆者の68年の人生の中で体験した地震の中で最大・最強のものであって、あまりにも強烈すぎて自分はいまだにこれを適切な言葉で表現することができないでいる。

東電福島第一原発に危機が迫っていることを知ったのは多分当日の夕方であったと思うが、この時点では度々襲ってくる強い余震への不安と入院患者さんへの対応が主たる課題であって、原発について「多分、大ごとにはならないだろう」という全く根拠のない安心意識に捉われていて、重大事故が起きているという認識はこの時点ではまだ持っていなかった。

原発が危険極まりない状況にあることを実感したのは３月12日（土）の午後３時36分の１号機の水素爆発の映像を見てからであった。

サイト（原発）から北北西に18㎞の距離にあった筆者の病院が避難指示の対象になったのは12

日（土）の午後6時26分であった。それを知ったのはテレビの報道によってであり、行政からは一切連絡や指導はなかった。

この時点から一週間後の3月18日（金）昼までの避難行動は正に無我夢中であり、104名の入院患者さんを無事避難させることだけを考えて全身全霊を傾注していたので、自らの被ばくについてはあまり注意を払うことはなかった。これは行動を共にしてくれた職員達も同じ気持であったと思う。

全ての関係者の方々のご尽力のお蔭で、筆者の病院では、誠に有難いことに1人の犠牲者も出すことなく患者全員を無事避難転院させて頂くことができた。

私共の病院の避難行動の詳細を述べれば、もうそれだけで書物一冊の分量になってしまうであろうが、本書ではこれを詳述することは省くこととする。関心のある方は後掲の参考資料を参照願いたい。

1・1・1　隠された放射能汚染と不透明な初期被ばく問題

2016年（平成28年）2月25日のテレビや新聞報道では、これまで東電は事故2カ月後の2011年（平成23年）の5月になって初めてメルトダウンの事実を公表していたが、新潟県の原発事故に関する技術委員会の要請で東電が事故当時の経緯を検証したところ、実は事故後3日目の3月14日の朝には1号機と3号機が既に炉心溶融と定義する5％以上の炉心損傷が確認されていたことを認めた、と報じた。もし2011年3月14日（月）の時点でこのことが知らされていれば、避難の混乱は大きかったかもしれないが、避難先の選定や安定ヨウ素剤の服用などの面でより適切な行動を採ることができた可能性が高く、無用の被ばくは大幅に減らすことができた可能性が大きい。例によって東電は「メルトダウンを判断する社内マニュアルの基準の存在を知らなかった、意図的に事故を矮小化する積りはなかった」と釈明している。

しかし、その2ケ月後の２０１６年（平成28年）４月11日の新聞各紙の報道によれば、東電原子力・立地本部の岡村祐一本部長代理は「事故前から基準の存在を知っていた」ことが明らかになったと報じた。これら一連の報道から見えてくるのは、東電の発表がいかに信頼できないか、そして東電がいかに周辺住民の命と健康をないがしろにしているかを如実に示す証左である。

一方、避難住民に対しての国からの情報提供は末端までは届かず、ＳＰＥＥＤＩ（緊急時迅速放射能影響予測ネットワークシステム）の情報も隠匿して無用な被ばくをさせたり、緊急時体表面スクリーニング検査で、あまりにも要除染者が多く対応が困難であるとの福島県地域医療課からの要請を受けて、国は要除染基準を本来の６０００ｃｐｍから１万３０００ｃｐｍへ、そして最終的には10万ｃｐｍ[*1]へと17倍近くまで緩めて実施することを追認していた（いわゆる政府事故調中間報告書pp.304-306）。

さらに、１万３０００ｃｐｍが全て内部被ばくのヨウ素によるものと仮定すると、これは安定ヨウ素剤投与の基準値となる等価線量１００ミリシーベルトに相当する線量であって、安定ヨウ素剤の投与が必要なレベルであったにもかかわらず正しい指示を出さず誤った情報を流して結果的には放射性ヨウ素による内部被ばく防護策は完全に失敗した、ということになる。

これらの情報は殆どが後になって公表されたものであるが、このような情報の公表を遅らせるという対応は、原子力事故が起きた場合に常に見られる世界的な傾向である。

こうした〝後出しじゃんけん〟による〝後の祭り〟は、汚染水の問題でも、除染の問題でも、瓦礫や塵埃の飛散の問題でも、殆どあらゆる被ばく問題に関して常に国、福島県、東電が採る手法であって、これは明確に政治的な意図を持って組織的に行われているものと判断せざるを得ない。

究極的な〝後出しじゃんけん〟は、事故以降に放射線許容基準を変更した点であろう。その一部を以下に列挙してみる。

①公衆の被ばく上限

1ミリシーベルト／年間→20倍→20ミリシーベルト／年間

②放射性廃棄物の基準

100ベクレル／kg以下→80倍→8000ベクレル／kg以下

＊1　cpm　count per minute（カウントパーミニッツ）の略で、衣服や体表面に付着した放射性物質による汚染を調べる電離放射線測定装置（ガイガー・ミュラーカウンターなど）によって測定された1分間当たりの放射線の計数率で、測定された値は測定機種や測定方法によっても異なるが標準換算を行って測定ヶ所の放射線の強さを数値化して示す。この値をベクレルやシーベルトへ換算することは簡単には出来ない。従来のスクリーニング基準値は1万3000cpm。（日立アロカメディカル製TGS－146型による測定で10万cpmという値が出た場合は、354ベクレル／cm²、1歳児甲状腺等価線量890ミリシーベルトに相当するという――study2007氏による）

③体表面汚染のスクリーニングレベル

1万3000cpm↓8倍↓10万cpm

（表面汚染のスクリーニング基準4万ベクレル／㎡↓10倍↓40万ベクレル／㎡）

④労働者の緊急作業時被ばく限度

100ミリシーベルト↓2・5倍↓250ミリシーベルト

⑤被ばく管理の考え方

被ばく量管理の基準を空間線量率ではなく個人被ばく線量に基づいて行う、という方式に変えている（これによって実質4〜10倍くらい基準が緩くなったとされる）。

（以上は2016・1・13　南相馬20ミリ基準撤回訴訟第2回公判・報告集会：再び放射能を南相馬にまき散らす蕨平「資源化」施設の危険性：市民放射能監視センター（ちくりん舎）青木一政、たまあじさいの会　中西四七生のHPより引用）

ここに流れている基本思想は、重大被ばくによる急性期健康障害さえ回避できればある程度の住民被ばくは止むを得ない、という人命・人権軽視の考え方である。これはまた、最近の原子力規制委員会が、避難時の混乱を避けることが重要であり、それを回避するために「今後も避難情報としてSPEEDIを利用することはしない」という驚くべき見解を表明しているものと同質の思想である。

このようなことから、事故初期の原発周辺地域並びに放射性プルームの来襲地域における放射能汚染状況も実は正確には未だ不明であって、東電や国が公表しているチェルノブイリ原発の8分の1とか10分の1などという数値は全く信用できない代物である。そして、被ばくによる健康障害問題を考えて行く上で、この事故直後に受けた初期被ばく量を正確に把握することは決定的に重要な条件になるのであるが、事故後に福島県県民健康管理調査票によって行われた調査では被ばく者個々人の被ばく線量が正確に把握されているとはとても言い難い。

例えば筆者が福島県立医科大学放射線医学県民健康管理センターが実施した外部被ばく実効線量の推計のための調査（福島県県民健康管理調査「基本調査」）に応じて申告したところ、以下のように、3月11日からの4ケ月間で0・2ミリシーベルトという結果通知を受けた。

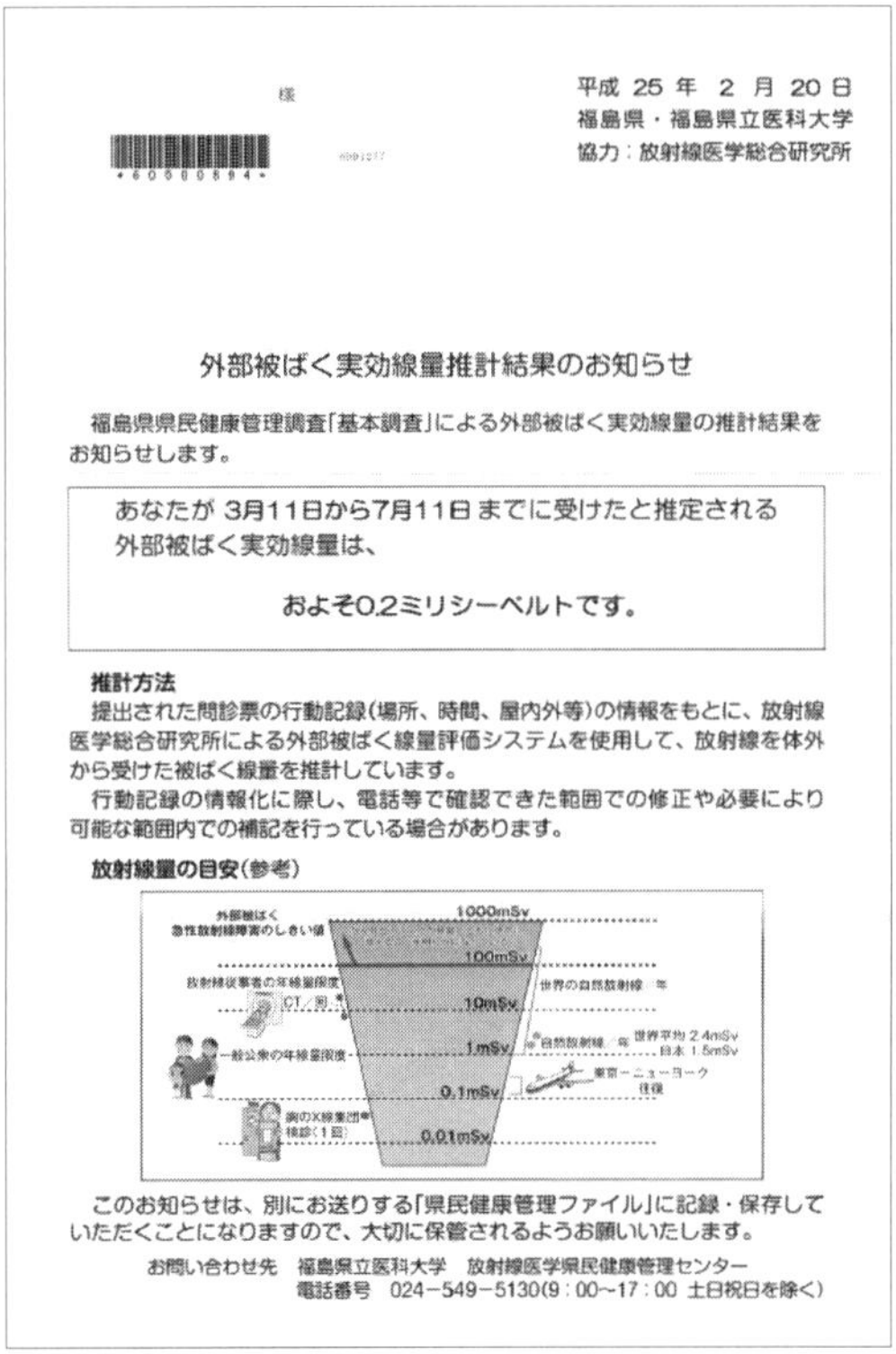

様

平成 25 年 2 月 20 日
福島県・福島県立医科大学
協力：放射線医学総合研究所

外部被ばく実効線量推計結果のお知らせ

福島県県民健康管理調査「基本調査」による外部被ばく実効線量の推計結果をお知らせします。

あなたが 3月11日から7月11日までに受けたと推定される
外部被ばく実効線量は、
およそ0.2ミリシーベルトです。

推計方法

提出された問診票の行動記録（場所、時間、屋内外等）の情報をもとに、放射線医学総合研究所による外部被ばく線量評価システムを使用して、放射線を体外から受けた被ばく線量を推計しています。

行動記録の情報化に際し、電話等で確認できた範囲での修正や必要により可能な範囲内での補記を行っている場合があります。

放射線量の目安（参考）

このお知らせは、別にお送りする「県民健康管理ファイル」に記録・保存していただくことになりますので、大切に保管されるようお願いいたします。

お問い合わせ先　福島県立医科大学　放射線医学県民健康管理センター
電話番号　024−549−5130(9：00〜17：00 土日祝日を除く)

しかし、ここには事故発生以降の個々人のとったこまかな行動内容は十分には反映されていないし、時間経過と共により詳しいことが明らかになった様々な放射性物質の漏出状況を反映させての修正も加えられてはいない。

筆者の場合は3・11当日から14日宵まで20㎞圏内の職場に居て、頻発する激しい余震の度毎に屋外へ飛び出さざるを得ない状況にあったし、区役所との折衝のために外出もしていたので、この間、屋内退避状態を完全に守ることはできず、少なからざる量の初期被ばくを受けていた可能性がある。

さらに3月15日（火）未明には、避難したいわき市の高校の体育館での患者対応のために戸外に居たので少なからざる量の被ばくを受けた筈である。福島県が推定した被ばく線量値の算出時にこれらの個別的状況が考慮されたかどうかは不明である。

ともあれ、放射線障害を考えて行く上で初期被ばく問題は決定的に重要な要因であるにも関わらず、いまだにその詳細は明らかにされておらず、今後のさらなる研究が必要な分野である。しかもこの間取り上げられている被ばく線量はあくまでも外部被ばく線量であって、初期内部被ばく問題は一切考慮されていないという重大な欠陥が残されたままであるということを声を大にして主張しておきたい。

双葉町上羽鳥のモニタリングポストで、２０１１年（平成23年）3月12日の1号機の水素爆発直前に１５９０マイクロシーベルト／時という驚くべき空間線量率が測定されていたと、事故後１年半も経ってから福島県原子力センターから公表された（２０１４年（平成27年）3月のＮＨＫの取材では4600マイクロシーベルト／時であったという報道もある）。

この事実は、モニタリングポストがなかった地点や測定ができなかった原発近隣地点でも同程度の空間線量率を示していた可能性を否定できない、ということであり、しかも1年半も経ってから公表したのではその地区の土壌汚染度が極めて高度であった可能性があるのに多くの人がきちんとした防護策を講じぬままに入域した可能性も高い。汚染された食物や水の摂取による内部被ばくは勿論、気化した、あるいは小さな塵埃として空気中に漂っていた放射性物質を、経口的、経鼻的、経皮膚粘膜的に取り込んだことによる内部被ばくは果たしていかほどであったのかは永久に不明のまま無視されてしまうことになりそうである。

事故直後からこの5年余の間に、こうした環境中で被ばくした住民の中から突然死や様々な疾病、がん等が現れてきていると感じている一般住民の印象は、決して無視してはならない重大兆候である可能性が大きい。

この問題については、第2章で改めて取り上げる積りであるが、こうした高濃度汚染地域の初期被ばくに起因する健康被害問題に関しては、study2007氏の『見捨てられた初期被曝』から多くの重要な示唆を得たことをここに記しておきたい。

1・1・2　避難指示基準

国は事故直後の数日間に、事故を起こした東電福島第一原発から半径20㎞圏の避難指示を出していたが、その後、この範囲を超えて放射能汚染が広がっていることが明らかとなったことを受けて、新たに計画的避難区域、緊急時避難準備区域及び特定避難勧奨地点を設定した。
以下の文書は、２０１１年（平成23年）４月11日に経済産業省が発出したものであるが、この時点ではＩＣＲＰ２００７年勧告[*2]を専門学会等での十分な検討と合意を抜きに、未消化のまま緊急に導入して新たな基準作りをしたことが程なく明らかとなっている。

平成23年４月11日

経済産業省

「計画的避難区域」と「緊急時避難準備区域」の設定について

「計画的避難区域」の設定

１．福島第一原子力発電所から半径20㎞以遠の周辺地域において、気象条件や地理的条件により、同発電所から放出された放射性物質の累積が局所的に生じ、積算線量が高い地域が出ています。これらの地域に居住し続けた場合には、積算線量がさらに高水準になるおそれがあります。

２．このため、国際放射線防護委員会（ＩＣＲＰ）と国際原子力機関（ＩＡＥＡ）の緊急時被ばく状況における放射線防護の基準値（年間20～１００ミリシーベルト）を考慮して、事故発生から１年の期間内に積算線量が20ミリシーベルトに達するおそれのある区域を「計画的避難区域」とする必要があります。

３．「計画的避難区域」の住民等の方には大変なご苦労をおかけすることになりますが、別の場所に計画的に避難してもらうことが求められます。計画的避難は、概ね1ヶ月を目途に実行されることが望まれます。その際、当該自治体、県及び国の密接な連携の下に行われるものとなります。

「計画的避難区域」は、葛尾村、浪江町、飯舘村、川俣町の一部、南相馬市の一部が含まれます。

＊2　**ICRP2007年勧告**　国際放射線防護委員会（ICRP）が公表した最新の放射線防護体系に関する勧告で、1990年勧告に代わるものとして平成19年（2007年）12月に2007年勧告（Pub.103）を公表した。内容は膨大である。新しく示されたものの中で注目される部分は、被ばく状況を、

- 計画被ばく状況　線源の計画的な導入と操業に伴う状況であり、これまで行為として分類していたものは、この状況に含んでいる。これまでの原発の安定的稼働状況を指す。
- 緊急時被ばく状況　計画被ばく状況における操業中、又は悪意ある行動により発生するかもしれない、至急の注意を要する予期せぬ状況である。具体的には原発事故進行中のような状況を指す。
- 現存被ばく状況　自然バックグラウンド放射線に起因する被ばく状況のように、管理に関する決定をしなければならない時点で既に存在する被ばく状況である。既に汚染した地域内において居住しもしくは労働することは現存被ばく状況とみなされる。

と3つに分類した。民主党菅政権は福島原発事故後の状況をこの「現存被ばく状況」に当たるとし、Pub.109に準拠していわゆる20ミリシーベルト基準を導入した。

※計画的避難区域のうち、川俣町と南相馬市については、「一部」と記載していますが、具体的には、今後、政府と地元自治体で調整し、後日決定される見込みです。

「緊急時避難準備区域」の設定

1．同発電所の事故の状況がまだ安定していないため、現在、「屋内退避地域」となっている半径20㎞から30㎞の区域については、今後なお、緊急時に屋内退避や避難の対応が求められる可能性が否定できない状況にあります。

2．このように、同発電所の事故の状況がまだ安定せず緊急に対応することが求められる可能性があり得ることや屋内退避の現況を踏まえ、現在の「屋内退避区域」で上記1．の「計画的避難区域」に該当する区域以外の区域を「緊急時避難準備区域」とする必要があります。

3．この区域の方には、常に緊急時に屋内退避や避難が可能な準備をしておいていただくことが必要です。

4．「緊急時避難準備区域」においては、引き続き自主的避難をすることが求められます。特に、子供、妊婦、要介護者、入院患者の方などは、この区域に入らないようにすることが引き続き求められます。ご苦労をおかけいたしますが、ご協力のほどお願いいたします。なお、この区域内では、保育所、幼稚園や小中学校及び高校は休園、休校されることになります。

5．勤務等のやむを得ない用務等を果たすために同区域内に入ることは妨げられませんが、その場合も常に緊急的に屋内退避や自力での避難ができるようにすることが求められます。

6.「緊急避難準備区域」における対応については、当該自治体、県及び国の密接な連携の下に行われるものとします。

「緊急時避難準備区域」は、広野町、楢葉町、川内村、田村市の一部、南相馬市の一部が含まれます。

※緊急時避難準備区域のうち、田村市と南相馬市については、「一部」と記載していますが、具体的には、今後、政府と地元自治体で調整し、後日決定される見込みです。

「計画的避難区域」と「緊急時避難準備区域」の設定の見直し

1.「計画的避難区域」と「緊急時避難準備区域」の設定のあり方については、同発電所からの放射性物質の放出が基本的に管理される状況になると判断される時点で見直しを行うこととしています。

2.なお、それまでの間、さらに当該区域の環境モニタリングを強化して、関係するデータを集約・分析して、見直しの検討に資するものとしています。

これに続き、8日後には今度は文部科学省から以下のような衝撃的な通知が発せられた。

福島県内の学校の校舎・校庭等の利用判断における暫定的考え方について

標記の件について、福島県教育委員会等に発出しましたので、お知らせします。

文科ス第134号
平成23年4月19日

福島県教育委員会
福島県知事
福島県内に附属学校を置く国立大学法人の長
福島県内に小中高等学校を設置する学校設置会社を所轄する構造改革特別区域法第12条第1項の認定を受けた地方公共団体の長
殿

文部科学省生涯学習政策局長　坂東久美子
初等中等教育局長　山中　伸一
科学技術・学術政策局長　合田　隆史
スポーツ・青少年局長　布村　幸彦

福島県内の学校の校舎・校庭等の利用判断における暫定的考え方について
（通知）

去る4月8日にとりまとめられた福島県による環境放射線モニタリングの結果及び4月14日に文部科学省が実施した再調査の結果について、原子力安全委員会の助言を踏まえた原子力災害対策本部の見解を受け、校舎・校庭等の利用判断における暫定的考え方（以下、「暫定的考え方」という。）を下記のとおり取りまとめました。

ついては、学校（幼稚園、小学校、中学校、特別支援学級を指す。以下同じ。）の校舎・校庭等の利用に当たり、下記の点に御留意いただくとともに、所管の学校及び域内の市町村教育委員会並びに所轄の私立学校に対し、本通知の趣旨について十分御周知いただき、必要な指導・支援をお願いします。

記

1．学校の校舎・校庭等の利用判断における暫定的な目安について

学校の校舎、校庭、園舎及び園庭（以下、「校舎・校庭等」という。）の利用の判断について、現在、避難区域と設定されている区域、これから計画的避難区域や緊急時避難準備区域に設定される区域を除く地域の環境においては、次のように国際的基準を考慮した対応をすることが適当である。

国際放射線防護委員会（ＩＣＲＰ）のPublication109（緊急時被ばくの状況における公衆の防護のための助言）によれば、事故継続等の緊急時の状況における基準である20～１００ｍSv／年を適用する地域と、事故収束後の基準である1～20ミリシーベルト／年を適用する地域の併存を認めている。また、ＩＣＲＰは、２００７年勧告を踏まえ、本年3月21日に改めて「今回のような非常事態が収束した後の一般公衆における参考レベル（※1）として、１～20ミ

リシーベルト／年の範囲で考えることも可能とする」内容の声明を出している。

このようなことから、幼児、児童及び生徒（以下、「児童生徒等」という。）が学校に通える地域においては、非常事態収束後の参考レベルの1〜20ミリシーベルト／年を学校の校舎・校庭等の利用判断における暫定的な目安とし、今後出来る限り、児童生徒等の受ける線量を減らしていくことが適切であると考えられる。

※1「参考レベル」：これを上回る線量を受けることは不適切と判断されるが、合理的に達成できる範囲で、線量の低減を図ることとされているレベル。

また、児童生徒等の受ける線量を考慮する上で、16時間の屋内（木造）、8時間の屋外活動の生活パターンを想定すると、20ミリシーベルト／年に到達する空間線量率は、屋外3・8マイクロシーベルト／時間、屋内1・52マイクロシーベルト／時間である。したがって、これを下回る学校では、児童生徒等が平常どおりの活動によって受ける線量が20ミリシーベルト／年を超えることはないと考えられる。さらに、学校での生活は校舎・園舎内で過ごす割合が相当を占めるため、学校の校庭・園庭において3・8マイクロシーベルト／時間以上を示した場合においても、校舎・園舎内での活動を中心とする生活を確保するなどにより、児童生徒等の受ける線量が20ミリシーベルト／年を超えることはないと考えられる。

2．福島県における学校を対象とした環境放射線モニタリングの結果について

（1）文部科学省による再調査により、校庭・園庭で3・8マイクロシーベルト／時間（幼稚園、小学校、特別支援学校については50cm高さ、中学校では1m高さの数値：以下同じ）以上の空間線量率が測定された学校については、別添に示す生活上の留意事項に配慮するとともに、当面、校庭・園庭での活動を1日あたり1時間程度にするなど、学校内外での屋外活動をなるべく制限することが適当である。なお、これらの学校については、4月14日に実施した再調査と同じ条件で国に再度の調査をおおむね1週間毎に行い、空間線量率が3・8マイクロシーベルト／時間を下回り、また、翌日以降、再度調査して3・8マイクロシーベルト／時間を下回る値が測定された場合には、空間線量率の十分な低下が確認されたものとして、（2）と同様に扱うこととする。さらに、校庭・園庭の空間線量率の低下の傾向が見られない学校については、国により校庭・園庭の土壌について調査を実施することも検討する。

（2）文部科学省による再調査により校庭・園庭で3・8マイクロシーベルト／時間未満の空間線量率が測定された学校については、校舎・校庭等を平常どおり利用して差し支えない。

（3）（1）及び（2）の学校については、児童生徒等の受ける線量が継続的に低く抑えられて

いるかを確認するため、今後、国において福島県と連携し、継続的なモニタリングを実施する。

3．留意点

（1）この「暫定的考え方」は、平成23年3月に発生した福島第一原子力発電所の事故を受け、平成23年4月以降、夏季休業終了（おおむね8月下旬）までの期間を対象とした暫定的なものとする。今後、事態の変化により、本「暫定的考え方」の内用の変更や措置の追加を行うことがある。

（2）避難区域並びに今後設定される予定の計画的避難区域及び緊急時避難準備区域に所在する学校については、校舎・校庭も利用は行わないこととされている。

（3）高等学校及び専修学校・各種学校についても、この「暫定的考え方」の2．（1）、（2）を参考に配慮されることが望ましい。

（4）原子力安全委員会の助言を踏まえた原子力災害対策本部の見解は文部科学省のウェブサイトで確認できる。

・・・

別添

児童生徒等が受ける線量をできるだけ低く抑えるために取り得る

学校における生活上の留意事項

以下の事項は、これらが遵守されないと健康が守られないということではなく、可能な範囲で児童生徒等が受ける線量をできるだけ低く抑えるためのものである。

1 校庭・園庭等の屋外での活動後等には、手や顔を洗い、うがいをする。
2 土や砂を口に入れないように注意する（特に乳幼児は、保育所や幼稚園において砂場の利用を控えるなどの注意が必要。）
3 土や砂が口に入った場合には、よくうがいをする。
4 登校・登園時、帰宅時に靴の泥をできるだけ落とす。
5 土ぼこりや砂ぼこりが多いときは窓を閉める。

お問合せ先
原子力災害対策支援本部（放射線の影響に関すること）
電話番号：03－5253－4111（内線4605）
スポーツ・青少年局学校健康教育課保健管理係（学校に関すること）
電話番号：03－5253－4111（内線2976）

（スポーツ・青少年局学校健康教育課）

文科省が発出したこの衝撃的通知は、日本の将来を担う宝である子ども達を育てる責務を負う官庁が、驚くべきことに、空間線量率が3・8マイクロシーベルト／時もの高線量の環境下で、洗顔や手洗い、うがいや靴の泥を払いながら学校生活を送れと指示しているのである。

大きな災害や感染症が蔓延する環境の中では子ども達を生活させてはならないと、文科省や厚労省が真っ先に指示を出すのが本筋であるはずなのに、あろうことか現場では実施不能なこのような対応策を勧めておいて、そこで学校生活を送れと言っているのだから、自らのアイデンティティーと責務を放棄し、原子力ムラ利権集団の主張に迎合してしまったこの国の健康教育担当行政官僚の恐るべき姿がここに露呈されている。

前掲のこの二つの文書こそが、その後の原災地・者にあらゆる種類の分断を持ち込ませる元凶となっている、いわゆる年間20ミリシーベルト問題の発端となった公文書である。即ち、国はこれ以降、年間空間追加被ばく線量20ミリシーベルト（3・8マイクロシーベルト／時）を許容基準（実質的には安全基準）として、避難区域の指定や帰還可能区域の設定、さらには損害賠償の内容（支払い項目や〝賠償〟金額、支払い期間等）に至るまでのほぼ全ての放射能損害分野にわたってこの基準を用いている。そして今ではこの20ミリシーベルト／年基準に対して、あたかも医学的検査値における正常値のような意味――空間線量率が毎時3・8マイクロシーベルト以下なら大丈夫だという錯誤に等しい暫定認識――を持たせてしまっているのである。

この文科省の通知をめぐっては、当時の内閣官房参与であった小佐古敏荘東大教授が涙の抗議辞任を発表したことで有名になり、福島県内からは勿論、全国から猛烈な非難の声が上がり、国や専門家が唱える安全基準に対する国民の不信が一気に拡大するきっかけとなった。

その後もこの年間20ミリシーベルト問題については既に多くの的確な批判がなされ、訴訟の対象にもなっているので、ここではこれ以上の言及は控えておくが、そもそもＩＣＲＰ（国際放射線防護委員会：International Commission on Radiological Protection）とは、世界の原子力産業界が資金を拠出して設立した民間団体であり、組織的な位置づけで言えば、ＩＣＲＰよりも10倍の厳しい基準を提起しているＥＣＲＲ（欧州放射線リスク委員会：European Committee on Radiation Risk）と同じ非政府民間組織なのである。従ってこのＩＣＲＰが国際基準を決める権限を有している訳ではなく、各国や各機関がその見解を取り入れるか否かの問題でしかないのである。それを「国際的基準」などと称して現場に押し付けているのが我が国の現実であるということを強く指摘しておきたい。

さらに付け加えるならば、ＩＣＲＰでさえ、年間20ミリシーベルトは事故後のある時期における止むを得ざる上限値であって、その後も引き続き可能な限りそれを低減させる努力が必要、と付言している。その意味は、年間20ミリシーベルト基準を下回る環境であっても完全に安全であるということを保障するものでは決してないということなのである。

1・1・3　収束宣言と避難指示区域再編

年間追加被ばく線量20ミリシーベルト基準をしゃにむに導入した民主党第二次改造菅内閣は、これを基に3・11から40日後の２０１１年（平成23年）4月22日にサイトより北西20㎞圏以遠の浪江町津島、飯舘村、葛尾村、川俣町山木屋等を新たに計画的避難区域として避難指示の対象とした。同時に20㎞圏内を警戒区域という名称に、また20～30㎞圏を緊急時避難準備区域という名称に変更してそれぞれの区域の避難指示内容を新たに定めた。さらにその2ヶ月後の同年6月16日からは、これとは別に、20ミリシーベルト／年を超える高線量地点をスポット的に（個々の住居毎に）避難の要否を定める特定避難勧奨地点を新たに設定しはじめた。

これらの民主党菅政権の対応については、緩すぎる避難基準設定への批判の他、空間線量率では測定結果の幅が大き過ぎて信頼度が低いので、その場の環境汚染度を正確に把握するためには土壌の汚染度という尺度を用いるべきであるという意見や、県市町村という行政単位で区分けすることの非科学性への批判がなされた。しかし、政府はこれを見直す事はなく、警戒区域、計画的避難区域および特定避難勧奨地点という3種の避難指示区域と、制限付き居住可能地域としての緊急時避難準備区域という全部で4種類の避難指示区域を設定したまま、避難者用の仮設住宅の設置や避難生活支援という課題に優先的に取り組むことに方向を定め、当然のことながら被災者もまた当座の困難を回避することに追われ、20ミリシーベルト問題への根源的問いかけは先送りせざるを得ない状況であった。

２０１１年（平成23年）9月30日には全ての緊急時避難準備区域の指示が解除されたが、各自治体における住民の帰還は捗々《はかばか》しくなく、特に広野町の住民帰還は今なお大幅に遅れている。

事故後9カ月を過ぎた２０１１年（平成23年）12月16日、民主党野田政権は、あろうことか事故を起こした4基の原発全てが「冷温停止状態」に達し、「発電所の事故自体は収束」した、と宣言した。これに対しては「燃料棒の状態が不明なのに冷温停止したと云えるのか」「放射性物質の環境への漏出は続いているのにオンサイト（原発敷地内）の収束宣言はあり得ない」といった主旨の批判が国内外から相次いだ。しかし民主党野田政権はこれを機に、同年12月26日には２０１２年（平成24年）３月末を目途に避難指示区域を線量に応じて新たに３つの地域に分けることを明らかにした。そして翌年の２０１２年（平成24年）４月以降警戒区域や計画的避難区域という区分を廃止し、予想される年間追加被ばく線量値を区分けの基準にして、新たに、避難指示解除準備区域、居住制限区域、帰還困難区域という３種類の避難区分を設定して順次これを適用して行った。

しかし、３・11に発せられた原子力緊急事態宣言は未だに撤回されず、今日に至るまで継続発令中である。これについては改めて言及するが、これは、周辺住民の放射線防護（オフサイト対策）を、年間追加被ばく線量20ミリシーベルトという違法な基準を用いて対策を進めて行くことを目的として原子力緊急事態宣言という法的に与えられた行政権（総理大臣権限）を発動し続けているのであって、未だオンサイトが緊急事態にあるという認識で発令が継続されている訳ではないのである。

これら一連の政策を進める際の「専門家集団の意見」として頻用されたのが当時の原子力安全委員会や、２０１１年（平成23年）11月に急遽環境省（内閣官房）に設置された「低線量被ばくのリスク管理に関するワーキンググループ」の報告であるが、これら委員会の構成メンバーは、例えば近藤駿介原子力委員会委員長（東大名誉教授）や長瀧重信長崎大名誉教授（元放射線影響研究所理事長）、あるいは神谷研二福島県立医科大学副学長（広島大学原爆放射線医科学研究所長）等といった、低線量被ばく問題等で放射線のリスクを小さく見積り、原子力政策を推進する側に立ってきた人達で占められており、被害を矮小化しかねない極めて偏った見解をまとめた「専門家集団」である。

1・1・4 避難と難民

最初に言葉の定義の問題について若干触れておきたい。日本語では普通、「避難する」、「避難所」、「避難生活」等の言葉をさほど厳密に定義して用いることはない。しかし世界には様々な難民問題があり、例えば英語で表現するだけでも、escape, evacuate, evacuation, evacuee, refuge, refugee, shelter, diaspora, displaced person などといった言葉がありそれぞれニュアンスが違うらしい。

福島原発事故によって、行政による指示であれ自主的であれ居住地から避難して国内の他の地域に一時的に避難した十数万人もの被災者は、避難者（避難民 evacuee 又は refugee）であるが、これらの被災者の中には、いずれ元の居住地に帰還する可能性のある本来の意味での避難民と、今後は全国各地に離散してその離散先で定住してしまうことになるディアスポラ（diaspora）が混在していたことになる。

即ち、福島原発事故は行政の避難指示によるものと、それ以外の高放射線量地域からのいわゆる自主避難による被災者によって大量の避難民を生んだが、元の居住地の放射能汚染が解消せず、5年余という歳月の経過の中で帰還することができず、他所の地に移住せざるを得ない数万（あるいは場合によっては十数万）単位の人々が生み出されているのである。

こうした人達の置かれている状況は、帰還困難区域からの避難者から非避難指示区域や福島県以外からの自主避難者に至るまで千差万別であるが、基本的には今後は、加害者である国、福島県、東電からの経済的支援は打ち切られるという共通の命運を背負わされる人々である。

２０１２年（平成24年）６月21日衆議院本会議で可決成立し、同年６月27日から施行された「東京電力原子力事故により被災した子どもをはじめとする住民等の生活を守り支えるための被災者の生活支援等に関する施策の推進に関する法律」（略称、原発事故子ども・被災者支援法）は、こうしたディアスポラ化させられる畏れのある被災者に対する支援を行うことを目的として超党派で成立した重要な法律であるが、現実にはこの法律は理念法レベルに留まっていてさほど有効な施策を講ずることはできていない現状にある。

以上より、国は避難指示区域の住民に対して指示期間中の支援には一定の意を用いたが、非避難指示区域の住民や避難指示解除後の住民のいわゆる自主避難者に対しては、基本的には自己責任論に依拠して極めて限定的な支援しか行っていないということがより明瞭になった。原発過酷事故発生当時には、東電も国も「最後の１人まで丁寧に被害を償い支援を続ける」と述べていたが、最近に至ってこれは空手形であったことが明瞭になりつつある。

１・２　帰還優先政策

原発事故当時、避難指示の対象となった大多数の住民は、５年以上もの長い間避難し続けなければならないとは思っていなかったはずであり、また、これほど長期間にわたって今後の生活の場や生活の糧の問題が解決されずに宙づりにされ続けるとも思わなかったはずである。

しかし、時の経過と共に事態は極めて深刻であり、元の生活を取り戻すことは容易ではなく、故郷を追われて永遠に故郷には戻れずディアスポラ化してしまう畏れさえ抱き始めるようになった。

そうした中で政府は「年間追加被ばく線量が20ミリシーベルト以下の環境であれば、子どもや妊婦でも生活することは可能である」という俄か作りの驚くべき基準を持ち出すことによって、福島県浜通りから中通り、さらには近県を含む広範な地域からの百万単位の人々の避難・移住という事態を避けようとする政治的決定を下した。これによって避難指示区域は大幅に縮小し、時間の経過と共にその範囲はさらに狭まって行くこととなって、チェルノブイリ原発事故よりも被害の程度は軽いというイメージ作りが一定の効果を示し、補償も急速に打ち切られて行くこととなった。

補償や生活支援を次々に打ち切って、いわば兵糧攻めのようにして帰還を進めようとする国、福島県、東電のこうした策謀に対して、札束で横っ面を引っ叩くほどの賠償、補償をしたわけでもないのに、原子力ムラ利権集団の言うことだけを強引に聞かせる類の理不尽さや、悪辣な暴力性を感じてしまうのは筆者だけであろうか?

放射能で汚れてしまった故郷に対する原発事故被災者の複雑な思いの深さと、親子、兄弟姉妹、近隣や職場の人たちとの間に打ち込まれた冷徹なくさびによって引き裂かれた辛さは、当事者でなければ到底理解できない深遠な情念であり、今後何世代にもわたって消えることのない心の傷として残って行くであろう。

これを完全に払拭することなど絶対に不可能なことであろうが、少しでもこれを慰撫するためには、国や福島県、東電等の加害者が一方的に自らの考え方を被害者に押し付けるのではなく、被災者救済と治療のための補償期間を区切ることなく、全力であらゆる方法を駆使して賠償・補償を完遂する以外にないのである。しかし、現在の加害責任者主導の進め方は、これとはまったく真逆で、主客が転倒した理不尽且つ非人間的な対応でしかないのである。こうした事実を一般の国民にすぐに理解して貰うのは難しいことかも知れないが、例えば広島・長崎における被ばく者や各種公害の被害者であれば直ちに理解して頂けるのではないかと思うのである。

以下、国、福島県、東電が進めようとしてきた帰還優先策の問題について、いくつかの角度から検討を加えてみることとする。

1・2・1　除染神話または除染幻想

放射能で汚染されてしまった先祖伝来の自分達の地域を「元通りに戻して返せ」という原発事故被災住民の切なる訴えに対して、加害責任者である国、福島県、東電は批判を回避しようとして、「『除染』によって到達可能な目標」であるかのような幻想を振り撒き、帰還＝除染によって可能、であるかのような一種のドグマを作り上げた。

周知のように、チェルノブイリ原発事故当初は、被災者が比較的高線量の地域に住み続け、一部除染も試みられたらしいが、除染効果は期待された程ではなく、費用対効果の面で除染は経済メリットがないことが分り、結局、元の地域に帰還して生活する、という方針は採用されなかったという。

5年後のチェルノブイリ法の制定によって、土壌のセシウム137濃度で18・5万ベクレル／㎡（空間追加被ばく線量としては年間1ミリシーベルト）以上の汚染地域から避難する権利が認められ、同55・5万ベクレル／㎡（年間追加被ばく線量としては年間5ミリシーベルト）以上の汚染地域からは避難移住することが義務付けられた、という経緯がある。

福島原発事故の場合はこれとは異なり、被害を実際よりも小さく見せ、避難対象者と賠償対象を最小限に抑えるためにはどうすれば良いかを最優先課題として取り組もうとしたのである。このために、年間追加被ばく線量に関する国際基準も国内関連諸法も当分の間は無視して良いように原子力緊急事態宣言を発し続けながら、「除染すれば元に戻れる」という幻想（＝除染神話）を作り上げたのである。

我が国の原子力ムラ利権集団は、この基本方針を貫徹するために、先ずは2011年（平成23年）4月には年間追加被ばく線量20ミリシーベルト基準をいわば政治的に導入し、次いで同年8月に「平成二十三年三月十一日に発生した東北地方太平洋沖地震に伴う原子力発電所の事故により放出された放射性物質による環境の汚染への対処に関する特別措置法」（放射性物質汚染対処特措法）を制定して除染に膨大な予算を投入してでも住民の避難対象地域を可能な限り限定しようとすることとしたのであった。

さて、それでは除染とは一体何であろうか？

文字どおりに解釈すれば汚れを取り除く、という意味であるが、これは細菌やウイルスを殺菌するために消毒を行ったり、有害化学物質を中和して無害化するというような方式とは異なり、有害な物質を差し当たり別の場所に移動する「移染」と同義である。しかも除染すべき範囲はこれまでの放射線管理区域からの持ち出し基準（３・７万ベクレル／㎡≒１ミリシーベルト／年）を適用するならば、何と８９００平方㎞（８県に及ぶ）という広大な地域が対象となってしまうとの説もある。複雑な市街地や数々の山野河川湖沼が拡がる１００㎞四方に近いこの膨大な地域を事故前の放射能水準にまで戻す事など土台無理な話である。しかも、除染技術もまだ暗中模索の段階であり、当初より完璧な除染などあり得ないと思われていたのである。即ち、除染という対応策に関しては当初から疑問視されており、除染によって地域が本当に完全に元に戻ると信じた者は殆どいないであろう。がしかし、元の家に戻り、元の暮らしを取り戻したいと願う被災者にとって、この除染という対策は、最後に残されたわずかな希望の綱でもあったのである。

1・2・2　帰還政策がもたらしているもの

原発事故直後は、殆どの住民は程なく自宅に戻れるのだろうと思っていた筈である。そして数ケ月を経た時点においても大多数の住民は故郷に帰って元の暮らしを再開したいしできるのではないかと考えていたと思う。

しかし、時間の経過と共に次第に放射能による環境汚染が深刻であることが明らかになり、避難指示解除の見通しも示されず、損害賠償も当座の避難生活費相当額の金額が後払い的に３カ月毎に支払われるだけで今後の損害賠償の見通しも示されず、いわば飼い殺し状態に留め置かれる状況が1年以上にわたって続く中で、被災者／被害者の中には次第に帰還に対して悲観的になる人達が増えて行った。東電が、被災者が被ったこれまでの損害について後払い的に補償する方式を改め、未来の損害についても一部一括払いを認めるようになったのは、事故後1年半以上が経ってからである。

２０１２年（平成24年）春以降、民主党野田政権は警戒区域や計画的避難指示区域という名称と区分を廃止して新たに4つのパターンの避難指示区域を新設して順次それを各避難指示地域に適用して行った。これによって福島県内の年間追加被ばく線量が１ミリシーベルト以上の放射能汚染区域は、①非避難指示区域、②特定避難勧奨地点、③避難指示解除準備区域、④居住制限区域、⑤帰還困難区域、という5通りの区域に細分された。そして、公式には⑤以外の地域は早晩避難指示は解除される予定であるので、元の住民と事業体は当然帰還するものである、とする公的見解が強まって行った。この結果「避難指示が解除されれば避難者は帰還するのが当然であり、帰還しないのは勝手な自己判断なのであるから補償や支援は無用である」とする論調が優勢となり、東電の賠償も次々と打ち切られて行くこととなった。それは、就労不能損害や営業損害の終期は決められないとした原子力損害賠償紛争審査会の中間指針を無視する形で進行して行った。そして現に２０１５年（平成27年）２月には就労不能損害が打ち切られ、２０１６年（平成28年）２月以降の営業損害に対しても東電は厳しく査定してきている。

このように、年間追加被ばく線量20ミリシーベルトという高い数値の避難指示基準で避難指示区域を細分し、それに連動する形で損害賠償内容を区別・差異化し、本来運命共同体である筈の被災住民に対してその真逆の葛藤と反目を産み出したのである。即ち、大は区町村間から小は集落間で、あるいは業種間で、解消困難な軋轢を生み、今では地域コミュニティーの再生をさらに困難にさせる要因にすらなってきている。

年間追加被ばく線量20ミリシーベルトという高放射線量基準で地域を細分し、賠償問題をこれと連動させたことは被災地の復興と再生をさらに困難にさせる大きな要因となった一大失政であったと言いたい。

1・2・3　増え続ける自主避難者〜新たに自主避難者化させられる前強制避難者

理論上は避難指示が解除されても避難を続ける者は自主避難者という扱いになる筈であるが現状はどうなっているのであろうか？　福島県の避難者が10万人を切った、という報道がなされる一方、自主避難者は少なくとも3万6０００人以上になる、という報道もあるが、ここには避難指示解除によって定義上は自主避難者となってしまう〝新〟自主避難者が含まれているのか否か筆者には不明である。以前からのいわば旧自主避難者に加えてこれら新自主避難者はどのようにカウントされていくのであろうか。

２０１６年（平成28年）４月18日の福島民友新聞は、「県によると、『２０１６年（平成28年）３月時点での避難区域外から県内外への避難者は約１万３千世帯あり、これら自主避難者たちの帰還などの相談に応じるため専門チームをつくる』こととなった」と報じている。

いずれにせよ、自主避難者数と強制避難者数のそれぞれの推移を正確に示している資料を探し当てることはできなかったが、これらの被災者に対して国と県は帰還を強いるように公的支援を次々と打ち切ってきている。近い時期に賠償や補償は打ち切られ、帰還困難区域に住んでいた人達の移住と、旧避難指示区域に住んでいた人達の帰還は終了した、として多くの〝新〟自主避難者を遺棄したまま国及び自治体の原発事故対策は大幅に縮小されて行くのではないかと心配されるのである。

1・2・4 支援が打ち切られる〝新〟〝旧〟自主避難者たち

避難指示が解除された楢葉町からの原発事故避難者は会津美里町の災害公営住宅に入ることができない、という問題が明らかになった。近く避難指示が解除される地域の原発事故避難者は災害救助法の対象となる長期避難者ではないから、というのがその理由のようだが、これは今後他の自治体においても同様な問題が露わになって来る可能性がある。

そもそも仮設住宅（含む、みなし仮設住宅）というのは災害救助法に基づく制度であって、原発事故に起因する避難者を対象とした制度ではない。この5年間はそれを拡大解釈して適用していたものであることから、仮設住宅の使用期限を過ぎる6年目以降のこれからは、原発事故に起因する自主避難者は災害公営住宅に入居する権利はない、という扱いになっているのである。即ち、災害公営住宅に入居できるのは原則津波被害者であり、避難指示が解除された原発事故避難者は入居資格はないとされている市町村があるのである。

原発事故被害者に対する住居対策が法的・制度的に確立していない現状の下で、これまで行われてきたみなし仮設住宅への家賃補助が２０１６年（平成28年）度末で打ち切られる方向となっており、今、全国に避難している数万人に及ぶ原発事故自主避難者を追い詰めている。そして来年4月からは各自治体では、これら自主避難者を元の地域に帰還させようとして様々な働きかけを進めようとしているが、国や福島県が進める帰還へのこうした圧力は原発事故被害者に対して極めて大きなストレスとなっている。

以上のような、〝新〟〝旧〟自主避難避難者を追い込んでいるのは、「国が避難の必要はないと決めているのにそれに従わない身勝手な輩には支援しない」という相も変らぬ昔ながらの官優位の思想が根底にあるからである。被害実態を踏まえないこのような官優位思想はこれまでも公害問題や薬害問題等においても常に見られてきたが、こうした思想と施策が被災者・被害者をどれほど苦しめ、不当な差別に晒されることになるかをよくよく考えて欲しい。

１・２・５　原子力緊急事態宣言下での日常生活

原子力緊急事態宣言は、福島第一原子力発電所及び第二発電所において原子力緊急事態が発生したことを受け、第一原発では２０１１年（平成23年）3月11日の19時18分に、第二原発では２０１１年（平成23年）3月12日7時45分にそれぞれ発動された。その後、第二原発に関しては冷温停止を維持するための安全対策が講ぜられていることが確認されたとして同２０１１年（平成23年）12月26日付けで内閣総理大臣が同発電所に係る原子力緊急事態解除宣言を行ったが、第一原発については、5年半後の2016年（平成28年）9月11日現在なおこれは解除されず継続発令中である。

原子力緊急事態宣言が第二原発では約9ケ月後に解除されたのに第一原発ではいまだに解除されていないということは、第一原発はまだ危険な状態にあって宣言を解除できる状態には達していないからなのだろうと考えるのが普通である。それなのに、国は第一原発事故はオンサイトにおいては収束したとして形ばかりの除染を行って次々と避難指示区域を解除し、サイトから20㎞圏内の地域への帰還も急ピッチで進めてきている。

原子力緊急事態宣言が解除されていない原発の近傍に元の住民を帰還させるという、この完全に矛盾した恐るべき、そして驚くべき政策が進められているというこの現実を、我々は一体どう理解したらよいのであろうか。

原子力緊急事態宣言とは原子力災害対策特別措置法第15条に規定されているもので、内閣総理大臣が原子力緊急事態宣言を出した場合、内閣総理大臣に全権が集中し、政府だけではなく地方自治体・原子力事業者を直接指揮し、災害拡大防止や避難などを行うこととなっている。つまり、原子力の重大事故の場合、環境中に放射能が漏出する恐れが切迫した場合には内閣総理大臣は国民の生命、身体及び財産を守るために通常の権限を越える行政権を発動することが出来る、と規定している。従って災害対策基本法に基づく避難指示は市町村や都道府県が行うものであるのに対して、原子力災害時の避難指示の発令や解除権は内閣総理大臣にある。

第一原発に関して原子力緊急事態宣言が継続中である、ということは、いまだに環境中への放射能の漏出が収束していないか原子炉そのものの損傷またはそれを予測する事態の発生が否定できない状態にある、と理解される。そうした危険が去らないにもかかわらず、高度汚染地域である帰還困難区域以外の原発地域に住民を帰還させる政策を進めている現状をどう考えれば良いのであろうか。

公衆の年間追加被ばく線量を1ミリシーベルト以下と規定している国内法並びに国際基準を無視して、年間追加被ばく線量1～20ミリシーベルト範囲の地域からの避難を指示しない（あるいは20ミリシーベルト以下になれば避難指示を解除する）という緊急事態宣言下での内閣総理大臣のこの判断は合法とされるのであろうか？　また、ＩＣＲＰ２００７年勧告に基づいて緊急に採用された現存被ばく状況という考え方を採用することは法的に許されるのであろうか？

緊急事態宣言が解除されない中で、年間追加線量1～20ミリシーベルトの高線量地域からの避難者に対してはこれを自主避難だとして公的支援を行わず、その地域で生活し続ける以外に選択肢がない状況に被災住民を追い込んでいるのが現自公安倍政権である。これは、公衆の許容被ばく線量年間追加被ばく線量1ミリシーベルト以下という国内法に違反している一方、緊急事態宣言を発令しながら事故継続中の危険な原発の近傍に住民を帰還させ住まわせるという原子力災害対策特別措置法の趣旨に違反する政策を推し進めていると言わざるを得ない。こうした相矛盾するこの国の政策は住民の生命、身体及び財産を守る使命を果たしてはおらず、国民は違法な高放射線量地域で日常生活を送ることを強いられているのである。

安倍自公政権は、原子力緊急事態宣言を発令しておけば、公衆の許容被ばく線量年間追加被ばく線量1ミリシーベルト以下という国内法の縛りをクリアできるとでも考えているのであろうか？

とも角、政府は住民に対して、この原子力緊急事態宣言の発動を継続していることの真の理由を国民の前に明らかにする義務がある。約１００㎞四方に相当する広大な地域は違法な放射能汚染地帯であるにもかかわらず、そこで日常生活を営むことを国によって強いられているのであるから、これは法の前の平等という憲法に定める基本的人権に対する重大な侵犯であり、この環境下で生活する事に同意していない者に対してそこに居住することを強要することは傷害罪に問われ得るほどの重大問題となるはずである。被災者としては、国は被災住民による糾弾・訴訟への防衛策として原子力緊急事態宣言を悪用しているのではないかと疑ってしまうのである。

将来、年間追加被ばく線量１ミリシーベルト以上20ミリシーベルト以下の地域に住んで良いとされて住み続けた住民の健康状態が、年間１ミリシーベルト以下の合法基準地に住み続けた住民よりも悪化していることが明らかとなった場合、国は一体どう責任を取るというのであろうか？この問いに対して国はおそらく、統計的にはそうした有意の差はない筈である、と言い続けるに相違ないのであるが……。

１・３　地域復興再生問題とイノベーションコースト構想

地域社会を構成していた全ての項目がワンセットとして再生して初めて被災地が復旧し復興したと言えるのであって、元の人口の何割の人数が戻った、などという指標は加害者側の責任回避の理屈でしかなく、その地で先祖代々かけがえのない濃密な人生を歩んでいた全ての住民の生活と生き甲斐を復活させることができた訳では全くないということを、先ずは声を大にして主張しておきたい。

3・11複合大災害の発災後、政府並びに福島県の行政は、被災地域の復旧復興を最優先課題として取り組んできた。勿論当時、これは誰しもが納得の行く対応策ではあったが時間の経過と共に、少なくとも原発事故被害に関してはそうした旧来の自然災害に対する直線型の復興策では問題は解決できないことが次第に明らかとなって行った。

その最も大きな要因は勿論大量の放射性物質による広範な地域の汚染という原子力災害の特性に起因する問題であるが、これに加えて、前述してきたような5つに類型化された避難指示区域とそれに連動する形での複雑且つ不十分な損害賠償のあり方や強引な帰還第一主義政策が住民の行政への不信感を招き、加えて被災住民相互間の反目という本来あるべき姿とは真逆の、誠に不幸な被災者感情が複雑に絡みあって、原災地の状況は極めて複雑な布置におかれているのが現況である。

放射能で汚染されてしまった山河で子供達を育てることはできないとする親達の思いは真っ当であり、これを否定する権利は誰にもない。そして線量の高い地域での人口の減衰は不可避である。

こうした原災地の変質・崩壊過程が進んだこの5年余の経過の中で、国は「福島・国際研究産業都市（イノベーション・コースト）構想」を推し進めてきた。これに関して、誤解を恐れずにざっくりと云うならば、イノベーションコースト構想とは、第一原発のある大熊町と双葉町は廃炉現場の町として、また、浪江、富岡は廃炉関連産業前線基地として、そしてその外縁の南相馬市や楢葉町、広野町は廃炉関連産業を担う人材の養成集積基地として新生させて行くことを目論んだ政策であり、相双地域の復興とは実はこのような地域改変の方向性を持ったものではないかと思われるのである。そして今後は、原発事故による地域破壊から地域変質、そして原発廃炉産業集約基地への新生という地域改変のプロセスが待っているのではないかと思うのである。そして何十年か後には、浜通南部の広野町及びいわき市や浜通北部の南相馬市北部から新地町に至る地域が辛うじて相双地域住民の民生優先地域として残されて行くのではないだろうかと推測するのである。

1・3・1 〝ばく心地〟（グラウンド・ゼロ）とその近接地域の荒廃

広島・長崎の原爆投下地点を爆心地と称するが、福島原発事故の場合は核兵器―原爆が炸裂した地点ではないので、むしろグラウンド・ゼロと称すべきかも知れない。しかし、福島原発事故はやはり核事故であるので〝ばく心地〟という新語を当てるのが妥当ではないかと思う。

さて、先ず『〝ばく心地〟（グラウンド・ゼロ）とその近接地域』と表現する範囲はどの辺りとするのが適切であろうか？

広島の場合、国が定めている原爆症の認定基準のひとつとして爆心地から3・5km（≒被ばく線量1ミリシーベルト相当）という値がひとつの線引きになっていて、爆心地から2・4kmの地点は年間20ミリシーベルト相当の線量になるとされている。これらは核爆発に伴う初期外部被ばくの問題だけに絞って算出された範囲であって、内部被ばくや残留放射線による被ばく等、真の被ばく実態に見合った区域決定とはなってはおらず、極めて問題のある基準である。

これらを参考にして総合的に勘案して考察すれば、福島原発事故による健康障害（原爆症ならぬ原発症?·）の可能性が検討されるべき被ばく地域（年間１ミリシーベルトを越える地域）はおよそ１００㎞四方の地域に相当すると言われる。しかも、福島原発事故で放出された放射性物資の量は広島原爆の１６８倍であるとされており、広島における２・４㎞に相当する範囲が福島原発事故の場合はどの辺りまでかを推定することは非常に難しい。

以上のような諸要素を考慮した上で、「〝ばく心地〟（グラウンド・ゼロ）とその近接地域」に当たる地域を差し当たり、旧警戒区域と旧計画的避難区域という範囲に限定して述べてみる。

先ず、「ばく心地」たる大熊町と双葉町は依然として大部分が帰還困難区域であり、30年前に起きたチェルノブイリ原発事故後の経過やこれまで行われてきた住民へのアンケート調査の結果を見ても、今後これらの町の地域住民が戻って元どおりの生活を再開させる可能性は殆どゼロに近いと推定される。この意味で福島の「ばく心地」は広島長崎の「爆心地」よりもはるかに広範囲で汚染度が高く、地域再生の可能性は極めて低いと思われる。結局、この地域は今後数十年以上の長きにわたって第一原発の後始末（廃炉）前線基地として存在し続けて行く運命を担わされている。これは、「地域社会の崩壊消滅ゾーン」と呼ぶ外はない。

次に、これよりも少し外縁にある南相馬市小高区、浪江町、飯舘村、葛尾村、川俣町、富岡町、楢葉町といった避難指示解除準備区域および居住制限区域の地区町村は「その近接地域」に相当する地域であり、政府によって強引に避難指示解除が進められつつある地域である。

この地域はいわき市や南相馬市等の都市部からの距離や元々の産業構造の違い等、それぞれが抱えている要因の相違も加わって、住民一人ひとりに対して極めて難しい選択を迫り続けている地域である。ここでは、人口構成や産業構造、地域の景観やたたずまい等、地域社会を構成するあらゆる領域が次第に崩壊・変質して行くこととなる。南相馬市小高区は元の原町市という都市部に近いことから3割位の人達が戻る見込みとされているが、いわき市から遠い楢葉町では避難指示解除後1年を経ても、元居た住民の僅か9％しか戻っていない。しかも、どの地域でも若い人達の帰還は極めて少ないという厳しい現実を抱えている。結局この地域は今後、総人口の激減と超高齢社会の加速度的進展という極めて厳しい局面を迎えることになる可能性が高く、今後十数年から数十年の単位で見た場合、「地域社会の変質および荒廃ゾーン」と呼ぶべき状況に陥って行くことが懸念される。

いまこれに取って代わろうとしているのが、先に記した『福島・国際研究産業都市（イノベーション・コースト）構想』である。これについては次々節でも述べるが、この構想は、廃炉を進めるための研究やロボット産業の集積等を柱とした新産業を原災地に創出し、以って浜通りの新生を目指す計画として、産学官が一体となってその実現を目指している国家的復興政策であるが、これは原災地域の〈改変・新興策〉であって〈被災地の復旧復興策〉ではなく、これによってこの地域の歴史ある社会と文化といった民生が元通りに回復する、ということではないと云うべきであろう。

1・3・2　変容する20～30㎞圏

一方、さらにその外縁部である20～30㎞圏の現状と今後の展望はどうであろうか？

ここは3・11後、緊急時避難準備区域とされて約半年間、一部の住民の居住が制限された地域である。２０１１年（平成23年）９月30日を以って避難指示は解除されたがそれから5年を経た今でも、完全に元通りの人口と産業が回復した訳ではない。しかも復旧の度合いは各地域によってまちまちであり、例えば南相馬市原町区と広野町の帰還率には大きな開きがあるのが現状である。

今後、この20～30㎞圏の地域社会がどのように復興し、再生して行くかを正しく見通す力量は筆者にはないが、この地域でも若い人達の活躍を期待する声は切実であり、ある意味で、この地域の将来は今後どれだけの若年人口が増加して行くかにかかっていると言っても過言ではない状況にある。

この地域とさらにその外縁部にある地域（南相馬市鹿島区、相馬市、新地町、川内村及びいわき市北部等）を含めた「ばく心地」から20㎞～30㎞以遠の地域は、今後の相双地域の人々がこれまでの伝統と文化を踏まえた心豊かな地域社会生活を回復させ得る地域として存続し続け得る可能性が何とか残されているのかもしれない。

1・3・3　復旧復興再生問題とイノベーションコースト構想

これは経済産業省が２０１４年（平成26年）年明け早々に研究会を発足させた廃炉産業を中核に据えた原発事故被災地域の復興構想である。

これに関してはあまりマスコミでは報道されないこともあって、地元政官業界以外にはあまりよく知られていない政策であるかも知れない。筆者自身、これに関して直接見聞したことはなく、２０１４年（平成26年）６月23日の報告書[*3]等の文書を通してしか把握していないので、十分に論じきる自信はない。

報告書にも記されているように、この構想は、高齢化と人口減少が予想される原災地域を根底的に改変し、新たに廃炉を進めるための研究やロボット産業の集積等を柱とした新産業を創出し、以って浜通りの新生を目指す計画として、産学官が一体となってその実現を目指している国家的復興政策であるが、これは原災地域の〈改変・新興策〉であって〈被災地の元通りの復旧復興策〉ではなく、これによって直ちにこの地域の歴史ある社会と文化が回復する、ということではない。

地元自治体は自らの存続のためには、国や産業界主導のこの廃炉関連研究産業基地化構想に乗っかり、その波及効果に期待を寄せる以外に選択肢がない、という事情があって国と二人三脚で本構想を進めているように思われる。しかし、果たして住民はこの構想通りの行動様式を採るであろうか？　確かに4基の廃炉を完遂することは最優先の国家的課題であってこれを疎かにすることなど絶対に許されないことである。しかし、それが果たして可能なのかどうか、いつまでに達成できるのかといったことは全く不明である。そしてこの構想に盛られている民生への波及効果が果たして確実に達成されるのかは全くの未知数でしかない。

本構想は、かつてアメリカのプルトニウムと原爆製造工場であり、度々放射性物質の大量放出汚染事故を起こして１９８９年に閉鎖されたワシントン州のハンフォードサイトの近傍地域の核廃棄物問題への取り組みをほぼ丸ごと参考としているようである。だが、彼我の間の被害の状況や社会文化的背景の相違などが問題になって来ることはないのであろうか？　また、本構想の今後の進展過程の中で民生部分は次第に減衰してしまい、廃炉関連企業だけが展開する地域へと変貌してしまうことはないのか、等々の不安や懸念は拭いきれない。

1・3・4　奮戦する人々

原発過酷事故によって福島県は我が国の歴史上前例のない困難な課題に直面させられている。この困難な課題を前にして、原発から18㎞の場所にあった病院の管理運営責任者である筆者は、自分の職業人としての社会的寿命が尽きる前に元の地域社会が復興して元の職場が復旧するなどということは絶対に望めないと思っている。こうした絶望感と喪失感を胸の奥深くに沈めて日々を送っている原発事故被災者は何十万人もいるはずである。しかし、その思いを口にしたところで現実には何も変わらないし、嘆いてばかりいては余計に悪しき風評を招いてしまうであろうこともまた皆が知悉しているからこそ、マスコミの取材を前にすると敢えて笑顔で応じ、絞り出すようにして明日への希望を語るようにしているのである。

＊3　経済産業省　原子力被災者支援　福島・国際研究産業都市（イノベーション・コースト）構想研究会　福島・国際研究産業都市（イノベーション・コースト）構想研究会報告書――世界が注目する浜通りの再生――平成26年6月23日

福島に限らず、原発事故被災地に住む全ての人々が傷つき、苦しみ、明るい希望を持てなくなっていたこの5年余の歳月の中で、それでも前を向いて必死に努力してきた人達が沢山いることもまた決して忘れてはならない。それは、あらゆる地域の、あらゆる職域の人々によって担われ、押し進められてきている復旧復興再生のための命がけの奮戦であり、福島を元の自然豊かな地に戻そうとして涙を飲み込んで頑張っている百数十万の福島の人々である。

そしてまた、これまでの職を奪われた多くの地元住民が地を這うようにして廃炉作業や除染作業に取り組んでおり、さらにハードインフラ面の復旧作業や様々な社会的インフラの復旧整備を担ってこられている多くの地元住民の崇高な戦いに対して、心からの尊敬の念と感謝の意を捧げたいと思う。

加害者である東電と国は勿論、原発の製造から稼働及び経営に関わってきた全ての責任ある関連業界の責任者は、こうした庶民の真摯な思いと甚大な労苦に対して深く共感し、自らの責任を心底より認識し、被災地と被害者への贖罪と賠償を完遂し、二度と再びこのような惨禍を繰り返さぬことを全国民に向かって確約して欲しいものと強く思うのである。

第1章の補遺
福島原発事故はまだまだ終わらない

のど元過ぎれば熱さ忘れる、という諺があり、日本人は熱しやすく冷めやすい民族だと言われる。現政権と原子力ムラ利権集団は、あらゆるチャンネルを使って福島原発事故の災禍をできるだけ小さく見せようと腐心している。そして彼らはさっさと幕引きを済ませて原発を再稼働させんがために、国民の目を例えば２０２０年の東京オリンピック開催などに向けさせて福島原発問題の早期風化を目論んできている。公共放送たるＮＨＫは正にその先兵として意図的世論操作の片棒を担いでいて、少なからざる国民の原発問題への意識を風化させる役割を果たしていると思う。

しかし、原発を抱える13道県の住民の意識は決して風化してはいないこともまた事実である。２０１６年（平成28年）に入ってから行われた鹿児島県と新潟県の知事選挙では、原発再稼働に慎重な姿勢を表明して立候補した候補者が当選していることはそのことを裏書きしている。

広範な地域社会の崩壊と数万人から十数万に上る故郷喪失者を生んでしまったこの「福島を中心とする東日本の核惨事」は、事故後6年目に入ったこれからがむしろ本当の核被害が顕在化して来るのではないかと恐れている。それは、チェルノブイリ原発事故をはじめとするこれまでの世界中のあまたの核惨事の実態をみれば、決して過剰で無用な不安などとして切り捨ててしまうことなどできない真っ当な懸念なのである。

原発事故被災者／被害者である我々も、早く事故の事を忘れてすっきりした気分で生きて行きたいものと心から思っている。しかし、誠に残念で悔しいことながら、原発事故を無かったことにはできないし、放射能の影響を全く心配しないで済むようにもなれないのである。我々は、そうした運命をある日突然、原発事故という未曽有の災禍を引き起こした国、福島県、東電によって不条理にも背負わされてしまったのである。

福島原発事故は今なお継続中であって、まだ何も終わってなどいないということを、全ての国民は改めて確認してほしいと思う。その上で、これまでの場当たり的な対応の中で決められてきた様々な政策や法制度を統括し、現実の被害実態を網羅して被ばく者の総意を反映させた基本法（「東京電力福島第一原子力発電所過酷事故対策基本法（仮称）」といったようなもの）を制定して、改めて福島原発事故問題を検証しつつ新たな基準を策定し、被害の完全救済と今後の健康被害問題への対策を講じ、原発再稼働問題への国としての対応の在り方について全国民的な広がりの中で検討して行く必要がある。

第2章 原発事故による放射線障害をめぐる問題について

最初に、筆者は放射線物理学／化学については素人であり、医師ではあるが放射線医学／生物学についても門外漢であってこの問題について独自に科学的検討を加える力量はない。従ってこの章で論じている内容の殆どは出版された書籍や公表された文献に基づいて考察したものであることを予めお断りしておきたい。

原発事故被災者の中では、予想だにしなかった早すぎる死が確実に多くなっているという印象がある。筆者が治療的に関わっていた方々も、筆者よりも若い40代、50代、60代で何人もの方が亡くなっているし、地元の方々からもしばしば〝若すぎる死〟〝驚いた死〟の話がしばしば語られる。中には20歳代から筆者が主治医として関わってきた40歳代の女性が、元気にスーパーの仕事をしながら結婚を間近に控えていたさなかに、突然くも膜下出血で亡くなってしまった、という悲しい例もある。

これらは、3・11以降一時的に短期間避難しただけの方や一度も避難せず継続して被災地で生活していた方の場合もあるし、避難して遂に故郷には戻れず、無念にも避難先で亡くなられた方もある。この方々に共通しているのは福島原発事故による初期被ばくも含めた被ばく者であるという点である。筆者と自身の家族の病気に関しても序章で述べたように、決して偶然とは言い難い形でいくつかの疾患が発症しているのである。

私見では、放射能による健康障害の特徴は、

1．スロー・デス（slow death）と言われるように、被ばくという原因と死という結果との間には数年から十数年、さらには数十年というタイムラグがあること。

2．被ばくによって引き起こされる可能性のある疾患は非特異的であり、全ての種類の細胞に対して放射線が与える〝再生機構へのダメージ〟によって、生命現象として繰り返される細胞再生過程の中で、たまたまいくつかの特徴ある疾患がひとつの表現型として表われて来るような一部のDNAの変質が生ずるのであって、小児甲状腺がんや白血病といった限られた特定の疾患のみが被ばくとの直接的因果関連があって他の疾患は無関係であるとする説は論理的にも誤りである。放射線被ばくを原因として生ずるあらゆる疾病は準健康状態から重篤な疾病までが連続した一種のスペクトラム状態のいずれかのポイントに現れたものと認識す

べきである。

3．従って、放射線に被ばくした場合は、他の一般の病原性疾患のように時間の経過と共に発病の危険性が減少するということではなく、逆に時間の経過と共に発病の危険性が増す場合もある、という特性を有する。従って、何年、何十年経っても放射線被ばくによる健康障害が発症する可能性は消えず、ある意味で一生涯のみならず何世代にもわたって安心することはできないという極めて残酷で、あたかも悪魔のような毒性を発揮し続ける。

4．放射線への感受性は、年齢や臓器のみならず個々人によっても異なるものであり、中高年齢者だから大丈夫だ、とは言えない。

5．絶対安全な被ばく線量というものは論理上存在しない。

6．現代の科学では、放射線被ばくによる疾病の発症や生命予後への影響に関して、被ばく時点で被ばく者個々人のそれらを正確に予見／予測することはできない。

とまとめられるのではないかと考えている。

放射性物質とはこれ程に危険な物質であるが故に、医療用放射能等をはじめとする放射線や放射性物質を取り扱う分野においては、放射線管理区域を設け、管理責任者を置いて厳重に管理されている訳であるが、３・11以降、国はこれら放射線管理区分基準や労災認定基準に相当する年間追加被ばく線量５・２ミリシーベルト以上の汚染場所で妊婦や乳幼児・子ども達まで含めた公衆が日常生活を送ることを容認・推奨しているのである。今後、この地域で発症した健康障害が放射線によるものであるという医学的判定が下された場合、国はどのような対応をとるのであろうか？　原子力緊急事態宣言中であってＩＣＲＰの勧告を遵守していたのだから法による裁きは成立しない、と強弁するのであろうか？

南相馬市議会議員で小高区の渡部寛一氏は最近の自身のブログ（なじょしてる　かんいち通信No.411）で、「……青年団で、役所で、そして農業の仲間として親しくさせていただき、ご指導いただいていた川〇隆〇さんが亡くなってしまいました。残念でなりません……。それにしても亡くなる方が多いです。多すぎます。親しくさせていただいた方、近所だった方、お世話になった方等々、昨年にお葬式に行った方は43人に及びます。今年（２０１６年1月末―筆者注）に入ってからは、すでに7人に及びます。ほとんどの方は、自宅に戻ることが叶わないままに無念の死を迎えています。単なる「寿命」ではありません。寿命を縮めてしまったと確信しています……」と無念のつぶやきを残している。

「福島県『県民健康調査』検討委員会」は、福島県における小児甲状腺がんが多発しているにもかかわらず、いまだにこれを放射能に起因するものとは認めていないが、その論拠の一つとして、「事故によって放出された放射能の量がチェルノブイリ事故に比して格段に少ない」ことを挙げている。しかし、福島原発事故によって外部に放出された放射性物質の正確な量に関しては実は不明である、というのが真実であって、東電や国が公表している数値は信用できないとする見解や、むしろチェルノブイリ事故の場合よりも多いとする意見もある（２０１４年（平成26年）４月にカリフォルニア州政府機関が言及したレポートの中に、福島第一原発からのセシウムの放出はチェルノブイリの１・８倍である、という記述があるという）。因みに付け加えるならば、そもそもこの「被ばく量がチェルノブイリの場合よりも少なければ福島原発事故と小児甲状腺がんの発症との間に因果関連を認めることはできない」とする説明理由そのものが、質の問題を量の問題にすり替えており、科学的論拠とは到底なり得ていないことは明らかである。

付言するならば、最近「事故後に行った福島県内の18歳以下の子どもの尿中ヨウ素濃度検査結果では、ＷＨＯが推奨する値を大きく上回っており、（日本人が）ヨウ素を食事から十分に取っている事実は、チェルノブイリ事故と福島原発事故の状況が全く異なることを示している」という主旨の論文が福島県内の医師からアメリカの甲状腺専門誌に発表されたと報じられている（２０１６年（平成28年）10月25日―福島民友新聞）。これも福島県で発見されている小児甲状腺がんが原発事故由来のものとは言えないという前提を補強する論文として取り上げられて行くのであろうか。

放射線科学の分野では難解な専門用語が少なくなく、しかも用語や名称が度々変更されることも少なくないように思える。このため、この学問分野に一般の素人が入り込もうとすると大変な労苦を強いられるのではなかろうか。ある人は、難解な用語や頻繁に変更される専門用語は、門外漢を振り落して身内の世界を守るための戦術ではないかと述べているが、筆者はこれも一理なしとは言えないと思う。

例えば、放射線防護に関する分野においては様々な意見があって、真に科学的根拠に基づいた国際的に承認された指針はなく、２００７年にＩＣＲＰが行った勧告に関しても日本の放射線審議会ではまだこれを正式に受け入れてはいない段階で福島原発事故が起きてしまい、当時の原子力安全委員会が急遽このＩＣＲＰ２００７年勧告を基に「年間20ミリシーベルト基準」をいわばにわか作りのようにして作成してしまった、という経緯がある。

さらにまた、放射線被ばくによる健康への影響を扱う分野においても様々な見解があって、放射線生物学が明らかにした事実やそれを説明する科学的論拠に関しては、まだ不明な点や異論が混在しているようで、人体に対する放射能の影響については本当のところは、まだ分らない部分が非常に多いのが現実である。

こうした今日の学問的状況の中で、それでも起きてしまった福島原発事故に対応するためのにわか作りの基準や政策が年間20ミリシーベルト問題であったり除染や帰還政策であったのである。従って現在進められている国の様々な福島原発事故関連施策は、学問的にはまだ決着がついていない問題であるにもかかわらず、かなり大甘な政治的判断の下で被災現場を裁断して行っているのが現状であり、これが果たして本当に国民の健康を守る上で真に正しい決定であったかどうかは実は今後の検証に委ねられている課題なのである。

事故後5年余を経たいま、既に多くの小児甲状腺がんが発症しているが、曇りなき目から見れば、今後はさらにこれが増加して行くことが推測されるし、それ以外の多くの原発事故関連の放射線障害が顕在化してくる可能性が大きいと考えるのが相当であろう。

従って原発事故被災者においては何らかの形で被ばくを強いられたことが明らかである場合

は、国や〝専門家〟による安心宣伝を鵜呑みにせず、これからは可能な限り被ばくを避け、今後起こるかも知れない放射能による健康障害の危険性を充分に認識して、自ら定期的に「健診」と「検診」[*1]を受けて疾病の早期発見／早期治療を心掛ける等の自衛策を是非とも講じて行く必要があることを先ず第一番目に強調しておきたいと思う。

放射能による健康障害問題は、狭義には医学生物学的並びに臨床医学的な学門領域の重大問題であり、広義には喫緊の社会政策的問題でもあるので、専門外の筆者がここで扱い切れる問題などでは到底ない。しかし、やはり〝被ばくさせられてしまった当事者〟としての考えは述べておく義務があると思う。

そこで、原発事故による放射線障害をめぐる問題に関して本章では、

１．いわゆる〝年間20ミリシーベルト問題〟をめぐって

＊1　ここで言う「健診」とは、職場や地域で実施されている一般健康診断の意味である。これは精緻ではないものの大づかみの健康状態がチェックされ、年毎のデータが蓄積されるので、その人の貴重な健康情報のベースラインとして後々に役立つことも多い。

一方「検診」とは、特定の疾病の有無を検出するための健康診断で、大腸がん検診や乳がん検診、胃がん検診などがそれである。これは一般健診と比べて時間と費用がかかるが、早期発見以外に有効な治療手段がない「がん」にあっては大事な予防策である。

2. 放射線障害をめぐって
3. 福島原発事故による健康障害

の3つの節に分けて論述してみることとする。

2・1 いわゆる〝年間20ミリシーベルト問題〟をめぐって

福島原発事故がもたらした放射性物質による環境汚染の実態については、原理的には岩手県から岐阜県に至るほぼ東日本全域における土壌汚染度と空間線量を可能な限りきめ細かいメッシュ状に区分けして、何年にもわたって継時的に監視・調査をし続けて行かなければその時々の詳細且つ正確な現況把握はできないものである。

こうした緻密で根気を要する監視・調査を継続することは国民の生活と健康を守るために必要不可欠な事業であり、感染症や公害病への対策と同等かそれ以上に重要な国家的課題の筈であり、本来は国（厚生労働省や環境省等）が責任を持って行うべきものである。勿論、局部的に汚染度が強いいわゆるホットスポットの問題や、事故原発や周辺土壌から舞い上がって風で運ばれる塵埃中の放射性物質の動向に関する情報も合わせて収集し、公表して国民への注意を喚起するのが国の重要な任務のひとつである。

そうした正確な調査結果に裏付けられたデータを基に、住民の同意を得ながら居住可能地域か否かをきめ細かく設定して行く必要があった筈である。

ところが、前にも述べたように、あろうことか国（文部科学省）は早くも事故後約1ヶ月後の2011年4月19日時点で、福島県に対して、「福島県内の学校の校舎・校庭等の利用判断における暫定的考え方について（通知）」という通知を出して、年間空間追加被ばく線量20ミリシーベルト（空間線量率3・8マイクロシーベルト／時）以下の環境下であれば「……校舎・校庭等を平常どおり利用して差支えない」という趣旨の指導を行った。

この粗雑極まりない政治決定に対して、当然のことながら被災当事者や国民から猛然たる批判の声が上がった。しかし、その後も国はこの通知を見直さないまま今日まで強行して現場に不用な亀裂をもたらし、地域の被災者同士の関係を断裂させている。国がとっている被ばく問題に対するこの強権的対応がその後の被災者／被害者の国に対する不信感を形成する原体験のひとつとなっているのである。

2・1・1 決定に対する批判と非難

年間追加被ばく線量20ミリシーベルトを避難指示のための基準とする、とした2011年（平成23年）4月11日の経済産業省の文書及び同年4月19日付けの文部科学省の「福島県内の学校の校舎・校庭等の利用判断における暫定的考え方について」という文書をめぐる問題については、第1章（1・1・2 避難指示基準）で一部触れた。

この問題に関連して、2014年（平成26年）12月に避難指示が解除された福島県南相馬市の特定避難勧奨地点の住民らが、2015年（平成27年）4月、国に対して行った避難指示解除の撤回を求める訴訟が注目される。これは実質的には年間20ミリシーベルト基準の違法性を問う裁判でもあり、原告の住民らも自ら「年間20ミリシーベルト基準撤回訴訟」と呼んでいて、今後この問題に対する司法の判断が注目される。

この年間20ミリシーベルト問題については、この他にも数多くの批判や意見表明がなされている。

先ず、日本医師会は２０１１年（平成23年）５月12日付けで下記のような見解を表明している。

平成23年5月12日

文部科学省「福島県内の学校・校庭等の利用判断における暫定的な考え方」に対する日本医師会の見解

社団法人　日本医師会

文部科学省は、4月19日付けで、福島県内の学校の校庭利用等に係る限界放射線量を示す通知を福島県知事、福島県教育委員会等に対して発出した。

この通知では、幼児、児童、生徒が受ける放射線量の限界を年間20ミリシーベルトと暫定的に規定している。そこから16時間が屋内（木造）、8時間が屋外という生活パターンを想定して、1時間当たりの限界空間線量率を屋外3・8マイクロシーベルト、屋内1・52マイクロシーベルトとし、これを下回る学校では年間20ミリシーベルトを超えることはないとしている。

しかし、そもそもこの数値の根拠としている国際放射線防護委員会（ＩＣＲＰ）が3月21日に発表した声明では「今回のような非常事態が収束した後の一般公衆における参考レベルとして、1～20ミリシーベルト／年の範囲で考えることも可能」としているにすぎない。

この1～20ミリシーベルトを最大値の20ミリシーベルトとして扱った科学的根拠が不明確である。また成人と比較し、成長期にある子どもたちの放射線感受性の高さを考慮すると、国の対応はより慎重であるべきと考える。

成人についてももちろんであるが、とくに小児については、可能な限り放射線被ばく量を減らすことに最大限の努力をすることが国の責務であり、これにより子どもたちの生命と健康を守ることこそが求められている。

国は幼稚園・保育園の園庭、学校の校庭、公園等の表面の土を入れ替えるなど環境の改善方法について、福島県下の学校等の設置者に対して検討を進めるよう通知を出したが、国として責任をもって対応することが必要である。

国ができうる最速・最大の方法で、子どもたちの放射線被ばく量の減少に努めることを強く求めるものである。

また、２０１１年（平成23年）5月1日付け「江川紹子ジャーナル」（http://www.egawashoko.com/

c006/000330.html）には、次のような情報が掲載されている（要点のみ抜粋した）。

「『適切でない』と申し上げた」～〝子どもにも20ミリシーベルト／年〟問題と放射線防護学の基礎

２０１１年05月01日

「先生が、子どもの場合も、年間の許容被ばく量が20ミリシーベルトとすることが適切と考えられる理由を伺いたいのですが…」

４月28日の午後、私は前夜の記者会見で、廣瀬研吉内閣府参与（原子力安全委員会担当）から、この値を支持した人の１人として名前が挙がった本間俊充氏（（独）日本原子力研究開発機構安全研究センター研究主席・放射線防護学）に確認の電話を入れてみた。すると、本間氏の答えは意外なものだった。

「私は（緊急事態応急対策調査委員として）原子力安全委員会に詰めていたんですが、（子どもについても）20ミリシーベルト／年が適切か、ということに関しては、私は『適切でない』と申し上げたんです」

記者会見で安全委員会は、５人の原子力安全委員の他に、２人の専門家の意見を聞き、全員が20ｍSv／年を「適切」と判断した、と説明していた。ところが、その専門家である本間氏はまったく逆の意見を述べていた、というのだ。

本間氏は、いきなりの電話だったにもかかわらず、国際放射線防護委員会（ＩＣＲＰ）が2

００７年勧告の中で初めて打ち出した「参考レベル」という概念や、東電福島第一原発の事故によって放射能汚染の被害を受けている地域の人たちの防護について、１時間半にわたって説明してくれた。さらに、後日30分ほど、私の質問に答えて丁寧な補足説明があった。（以下、省略）

この中で江川氏はさらに、本間氏が、

「……20ミリシーベルト／年というのは、飯舘村の計画的避難が決められた時に用いられました。これを越す可能性がある人たちは避難をしなさいということです。『それと同じ値を、学校を再開するために、子どもに適用することは反対です』と申し上げました。ＩＣＲＰは、大人も子どもも一緒でいい、などとは言っていません。確かに外部被ばくの影響は大人も子どももあまり違いは出ていませんが、やはり子どもは感受性が高く、より守らなければならない。他に、妊婦などの感受性を考えなければならない人たちがいます。……」

と述べたことを紹介している。

事故後僅か１ヶ月後の２０１１年（平成23年）４月11日に、経済産業省から避難指示区域の設定に関連する線量基準という観点からこの年間20ミリシーベルトという数値が出てきた訳であるが、その後、原子力安全委員会の意見に基づくものとの注釈付きで文科省から校舎校庭の利用に際して年間20ミリシーベルト基準を勘案すべしという指導がなされ、いつの間にかこれが恰《あたか》も科学的に安全な基準であるかの如き扱いに変質して今日まで避難基準値として堅持されて来たのである。

しかしながら、このＩＣＲＰ２００7年勧告はひとつの参考として提示されたものであって各国に強制するものではないとされており、この時点では文科省の放射線審議会での検討は中間段階にあって、これを国内に適用するか否かについての最終的な結論はまだ出てはいなかったのである。

そうした中で福島原発過酷事故が起きてしまったために、原子力安全委員会がいわば独走する形で、しかも内部には異論はなかったかのように誤魔化しＩＣＲＰ２００7年勧告を「国際基準であるかの如く」装って導入した、というのが真相のようである。いわば、年間20ミリシーベルト問題の源泉は原子力安全委員会の政治的決定にある、と言うべき経緯があったのである。

しかも、このＩＣＲＰ２００7年勧告では、緊急時被ばく状況と現存被ばく状況という新しい概念を打ち出し、この両者の境界値を20ミリシーベルトに設定しているのであって、20ミリシーベルト以下の現存被ばく状況は安全な環境であるなどとは言っておらず、「20ミリシーベルトよりもさらに放射線量を低減させる努力が必要」と述べているのである。

以上から明らかなように、年間20ミリシーベルト基準というのは条件付きの応急的許容線量であってこれを受け入れるか否かは任意であるべきもの、と解釈される。

従って国が避難指示に関する行政権の執行に際して、この数値をあたかも安全基準であるかのように喧伝して被災者の生活圏域を一方的に決定して行くやり方は、政治的な意図に裏打ちされた行政権の過剰適用ないしは乱用ではないかと思われるのである。

いずれにせよ、チェルノブイリ原発事故時にもなかった我が国独自の許容被ばく線量基準の大幅な緩和による被災・被害地収拾策が、今後どのような健康被害をもたらして行くのかについては、重大な懸念を持って見守って行く必要がある。

２・１・２　原子力緊急事態宣言は何故解除されないのか

この問題に関しては、第１章（１・２・５　原子力緊急事態宣言下での日常生活）の項で一部触れているので簡潔に述べるに留めたい。

原子力緊急事態宣言は、原子力災害対策特別措置法（１９９９年（平成11年）制定・施行）第15条の規定に基づいて内閣総理大臣が公示するものであり、この宣言の発令中は内閣総理大臣は国民の生命及び財産を守るために政府や地方自治体は勿論、原子力事業者に対しても全権を掌握して原子力災害全般を管理する権限と責任がある。

そしてこの緊急事態宣言が出されるのは原則的には原子炉の機能が正常に作動せず、原子炉周囲の境界付近の放射線量が上昇し、原子力緊急事態の発生を示す事象として政令で定めるもの（全電源喪失・冷却材喪失など原子炉そのものの損傷またはそれを予測する事態など）が生じた場合に、主務大臣（経済産業大臣）から内閣総理大臣に通報された場合に発せられる。

従って、文字通りに解釈すれば、これはあくまでも原子力施設が制御不能に陥って周囲に放射性物質が漏出し、加えて極めて危険な破局的な事象が起こり得ることが予測される場合に公布されるものであって、この差し迫った局面が去り、原子炉の状態が落ち着いていて放射性物質の漏出が無くなった時点で解除されるべき性格のものである。

しかし、第一原発に関する緊急事態宣言はいまだに発令中であってまだ解除はされていないのである。ということは、素直に考えれば、主務大臣たる経済産業大臣と内閣総理大臣は、第一原発はまだ危険な状態にあるとみなしている、ということになる。本当にそうなのであろうか?

民主党野田政権は2011年(平成23年)12月16日、第一原発の冷温停止を確認したとして〝オンサイトの収束宣言〟を行い、同12月26日には第二原発の緊急事態宣言を解除しているのだから、第一原発に対する緊急事態宣言についても今後どうするのかについて国の方針を明らかにする責任がある。事故後まる5年以上を経た現在なおこの原子力緊急事態宣言を解除しない(できない)理由を、国は国民の前に明らかにする義務がある。

2・1・3 除染による線量低減目標値は定められていない

第1章(1・2・1 除染神話または除染幻想)で触れた除染をめぐるいくつかの問題の中で、とりわけ原発事故被災者を驚かせたのは、「除染作業終了後の線量目標値は設定しない」という環境省の言い分に接した時であった。この言い分は、莫大な予算を投入して行う除染作業はやっても事後の検証は行わないわけだから単なるアリバイ工作に過ぎないことになる。

これは、2013年(平成25年)6月、全ての避難指示区域のトップを切って田村市都路地区の住民に対して行われた環境省の除染作業終了と帰還に関する住民説明会の場で明らかにされたものので、出席したある住民が「除染が始まった当初は0・23マイクロシーベルト/時まで下げるという説明だったのでそこまでは除染してほしいと言ったが、秋に改めてモニタリングをするのでそれまではやらないということだった」と述べて、除染を巡る当初の国の約束が反故にされていることを明らかにした。

考えてみれば、そもそも国は年間追加被ばく線量20ミリシーベルト以下の地域は避難の必要がないとして年間１ミリシーベルトを超える被災地でも避難指示を出さずに住まわせ続けて来たのであるから、旧警戒区域や旧計画的避難区域および旧特定避難勧奨地点においても、年間20ミリシーベルト以下であれば除染は不要であると考えていたのではないか。それでも敢えて除染することにしたのは住民の不安を軽減することが目的であって、当初より年間１ミリシーベルトとか０・２３マイクロシーベルト／時以下になるまで除染を続けるという考えはなかった、というのが当初からの基本姿勢であった。除染によって年間１ミリシーベルト以下のレベルまで下げることを求める避難指示区域の住民の意向に沿う積りはハナからなかったということになる。

国は、あたかも最後まで住民に寄り添って除染を徹底するようなそぶりを示して当座の被災住民の反発を避けようとしたのであれば、これは被災者に対する一種の〝たぶらかし〟であるという外はない。

２００７年のＩＣＲＰ勧告でも、「勧告の数字は『それ以下なら安全』という意味ではなく、移住や除染、食品の規制など、様々な対策をとるうえで、当事国の政府が判断するための目安（参考レベル）であるという考え方である。しかも、その範囲内であっても、合理的にできる範囲で被ばくを減らす努力を続け、最終的には１ミリシーベルト以下を目指すことが不可欠である」とされているものであって、現在のわが国の政府が行っている「1回限りの除染」で十分である、などとは言っていないのである。

にもかかわらず国による除染作業は、「対象となる場所を一度だけ除染する」という方式で統一され、「原則として除染後の線量は問題にしない」という信じ難い方式が貫徹されることとなった。平たく言えば、国による除染は、一度だけ除染作業を実施してその結果線量がどれ程軽減したかは問題ではなく、「除染は終了した＝安心して居住できる環境になった」と宣言するための一種のアリバイ工作でしかなかったのである。これではＩＣＲＰの権威を借りて〝被災者と国民をたぶらかす〟一種の詐欺行為ではないのか、という批判がなされるのも当然ではないだろうか。

2・1・4　個々人の正確な被ばく線量は把握されているか

被災者個々人が事故発生以来のこの間に蒙った総被ばく線量を正確に把握して算出することは事実上不可能である。被ばく線量を算出するためには、外部被ばく総累積量を正確に把握できることと、全ての核種による内部被ばく総累積量を正確に把握できることが前提になるが、そのいずれも生きた人間について正確に把握することは不可能だからである。

そこで行われているのが、外部被ばくについては居住環境における空間線量から推測することと個人フィルムバッジの装着による累積線量把握という方法であり、内部被ばくについてはＷＢＣ（ホールボディカウンター）による測定という方法である。

これらの方法によって算出された推計被ばく線量値は果たして信頼できるものなのであろう

か？　残念ながら答えはノーである。

先ず、居住環境における空間線量からの推計という方法は、その大前提として、時々刻々変化する原発過酷事故の進展下にあって、元の地域にどれだけの時間留まっていたか、どのようなルートを経てどこどこの地域・場所でどれだけの時間を過ごしたか、が詳細且つ正確に記憶されていて、なおかつその人が居た場所すべてについて正確な線量が捉えられていることが必要であるが、この前提をクリアすることは勿論不可能である。

さらに、地上に降り注いだ各種放射性物質からは空間線量としては測定されない大量のα線やβ線が放射されているが、この線量が一切カウントされずに捨象されてしまう、という問題がある。そしてさらに、地上に降り注いだ放射性物質は時間の経過と共に次第に地中に潜り込んで行くので、環境汚染度と測定された空間線量率との間の乖離はますます広がって行くこととなり、正しい被ばく線量を把握することは事実上不可能なのである。

個人フィルムバッジの装着による被ばく線量把握という方法についてであるが、これは、本来は比較的高線量下で仕事をする原発作業員やレントゲン技師などの放射線業務従事者向けに開発されたもので線源が一方向にあって、フィルムバッジの前方から照射される放射線をカウントする装置である。

従って比較的線量が低く、しかも空以外の全ての方向から放射線が照射される放射能汚染地域という環境では正確に測定されることはなく、大よそ4割ほど低く出る、と言われていて、この測定結果を基に対策を立てることは極めて問題が多いとされている。

また、内部被ばくをチェックするとして大きなウエイトが置かれているWBC[*2]（ホールボディカウンター）の測定値に関しても根本的な問題がある。筆者はWBCの詳細な機能については不案内であるが、この装置ではα線、β線を測定することはできず、また臓器、組織ごとに放射線量を測定することもできず、捉えられる放射線量は体全体から放射されるγ線の総量だけである。従ってWBCでは、α線を出すプルトニウム239やβ線を出すストロンチウム90やセシウム137等による内部被ばく状況は一切検出できないという根本的欠陥がある。これではWBCによる測定結果だけで個々人の内部被ばく問題に対して断定的な判断を下すことに対しては大きな不安が残る。

これらは言うなれば「葦の髄から天井を覗く」ような所為であって、被災者個々人の今後の放射線障害の発症問題を考察してゆく上で不可欠な情報――原発事故被災者個々人の外部・内部被ばく総量を正確に捉えること――を得ることはできず、現在公的に流布されている安全安心情報の信憑性についても大いに疑問があると言わざるを得ないのである。

2・2　放射線障害をめぐって

放射線による健康障害問題をめぐる今日の論争は、純粋な科学論争ではなく、圧倒的に政治経済的要因が絡んだ社会的論争であることにその本質的問題がある。

たとえば、インフルエンザウイルスによる健康被害の問題というテーマをめぐって、微生物学者のみならず一般の人々も参加しての公開討論会を行った場合を想定してみれば、放射線による健康障害問題がいかに非科学的な論争になっているかがより明瞭になるのではないかと思う。

日本におけるインフルエンザ対策について概観してみると、①流行期前の予防接種の推奨、②マスクの使用や帰宅後のうがいと手洗いの励行、③抵抗力を減弱させない対策の勧奨、④抗ウイルス剤の投与、⑤インフルエンザの流行している施設（学級・学校等）の閉鎖、といった一連の予防と治療についての科学的認識と社会的対策に関しては、専門家と非専門家の間にある共通の認識はそれほど相違はないだろう。

しかし、こと放射線による被ばくと健康障害及びその予防対策という問題となると、事情は全く異なってくる。疾病予防対策の責任官庁である厚生労働省の関与は極めて限定的であって、経産省、文科省、そして環境省と内閣府が前面に立って対応することになる。

また、例えば公衆の許容年間被ばく線量を１ミリシーベルトから20ミリシーベルトに変更したり、原発事故現場の緊急作業時許容被ばく線量を２０１６年４月からはこれまでの年間１００ミリシーベルトであったものを２５０ミリシーベルトに変更したりするのは、全くの社会的（政治

＊２　ＷＢＣ　ホールボディカウンター（whole body counter）は、体内に存在する放射性物質を体外から計測する装置であり、内部被ばく検査装置の一つ。しかし、測定できるのはγ線のみであり、且つ臓器・組織ごとの線量を測定することはできない。従ってα核種、β核種による内部被ばくの有無は判定できないこと、臓器単位の線量は測定できないことから、完全な内部被ばく測定装置とまでは言えない、とされる。

経済的）理由だけであって、福島及び近県の人たちの放射線耐性が急に20倍に上昇した、などということはあり得ない。

このように、原子力利用を推進したい側とそれ以外の人びととの間では、そもそも純粋な科学論争を築くことはできず、いきなり社会的（政治経済的）、あるいは利益相反する論争が展開して行く構図になっている。これは今に始まったことではなく、核兵器開発当初から世界中で繰り返されてきた権力側（原子力利益集団）の強権的対応なのである。

従って、今、我々にとって、放射線による健康障害問題を政治経済的文脈から切り離して、先ずは純粋に科学的観点から検討を加えることが極めて重要である。放射線種の違いごとの外部被ばく線量と、核種（放射性生成物）ごとの総内部被ばく線量と臓器ごとの被ばく線量を正確に把握し、それによってどのような生物学的・医学的問題が発生するかという科学的解明が達成されなければならない。それが明らかにされて初めて、社会的文脈で検討した場合はどうなるのかという議論ができるようになるのであって、利益相反する政治的立場に立って「科学を偽装して」科学論争の場になだれ込んで議論を混乱させている原子力学界を牛耳る偽科学者たちの振る舞いは、純粋な科学論の見地からすると誠に異常な事態という外はない。

以下、放射線障害をめぐる諸問題に関して、いくつかの論点に焦点を絞って考察してみる。

2・2・1　いわゆる初期被ばくの問題をめぐって

食品に起因する継続的内部被ばくの危険性という問題に関してはいまだ十分な資料を持ち合わ

せていないので断定的な論評は控えるが、２０１２年（平成24年）４月から実施されている「我が国の食品の放射線量の新基準はアメリカやＥＵのそれと比較して10倍以上厳しい基準にしてあるので安心してよい」という公式見解については大いに疑問があることだけは指摘しておきたい。

アメリカやＥＵの牛乳以外の一般食品の放射線量の基準値は１２５０ベクレル／kgであり、これと比べて２０１２年（平成24年）４月以降の日本の基準１００ベクレル／kgは非常に厳しい値である、と言われることが多い。しかし、アメリカやＥＵの基準は「将来放射能関連の緊急事態が起きた場合の上限」値であって平常時の基準ではない。加えてさらに重要なことは、この基準は「一年間に摂取する食品の10パーセントにこのレベルの汚染があった場合に、年間の追加被ばく量が１ミリシーベルトの上限を超えないこと」という前提に立って構築されていることである。

これに対して日本の基準は３・11以降における基準であって、現状では日本で一年間に摂取する食品の大部分が大なり小なり汚染されているので、年間積算線量は１ミリシーベルトを超える可能性があるということであり、相対的にはむしろ日本の方が緩い基準である、と考えるのが正しい見方であろう。

これら食品の放射線や居住環境中の残留放射線に起因する持続的内部及び外部被ばく（中長期的被ばく）問題についてはそれぞれ極めて重大な問題であり、これからも厳重な調査と監視が必要であることは改めて述べるまでもない。

一方、３・11事故直後に強いられたいわゆる初期被ばくの問題に関しては、これまでのところあまり重大視されてはいないのではないかという懸念がある。

この初期被ばく問題については、今中哲二氏らの飯舘村での調査報告（KAGAKU Mar. 2014 Vol.84 No.3, pp.0322-0332）や、２０１３年（平成25年）1月12日、ＮＨＫスペシャル「シリーズ東日本大震災　空白の初期被ばく〜消えたヨウ素１３１を追う〜」報道などがあるが、筆者はこの初期被ばくの問題について科学者の立場から体系的な警告を発したstudy2007氏の『見捨てられた初期被曝』に触発される面が大きかった。以下この著書も参考にしながら考察を進めてみたい。

さて、初期被ばくという場合、それはどの時期までの被ばくを指すのであろうか。実はこれまで筆者が調べた範囲では、その定義は必ずしも明確ではないようである。今中哲二氏は「飯舘村住民の初期外部被曝量の見積もり」と題する前述の報告の中で、「（飯舘村において）〝初期被曝〟とは、3月15日に放射能汚染が生じてから村外に避難するまでに飯舘村住民が受けた被曝量である」と定義しているが、これは原爆投下直後の数十秒間に発生する初期放射線による被ばくとは大きく異なるものである。

原爆における初期被ばくと残留放射線による被ばくという区分けは原発過酷事故にあっては明確ではなく、事故直後からの初期被ばくと、汚染された環境や食品等に起因する慢性外部内部被ばくとの境界は不鮮明である。しかも、被ばく範囲は広くは東日本全域に及んでおり、炉心溶融を起こした複数の原発からの放射性物質の漏洩拡散という事態が完全に収束しているのかどうかも不明な状況の下で、福島原発の初期被ばくをどのように定義するかという問題は思った以上に難しい面があるようだ。

しかし、炉心がメルトダウンした当時に空中に漂っていた放射性降下物を直接被って受けた外部内部被ばくと、土壌汚染由来の残留放射線や飲食物によって受けた中長期被ばくとを概念的に区分けして考察することは極めて重要である。

国や県が発出する被ばくに関する情報は、こうした時系列ごとに各地域の被ばく総量を詳細に捉えたものにはなっていない。初期被ばくの問題は意図的にスルーされているのではないかとさえ思えてしまう取扱いになっている。このことは、逆に言えば、いわゆる初期被ばくの問題を論じはじめると、福島原発事故に由来する放射線被ばく問題への国の対応方針の根幹を揺るがす大問題に発展してしまうことを恐れているのではないかと筆者は思っている。それほどに初期被ばく問題として括られる課題は重要な問題を内包していると思うのである。

前置きが長くなったが、既に第1章（1・1・1　隠された放射能汚染と不透明な初期被ばく問題）で触れたように、発災直後から福島県や国が採った住民の被ばく回避措置には重大な瑕疵があったと断ぜざるを得ない問題が数多く存在していたことが明らかとなってきている。

その第一は、避難を指示された住民に対する体表面スクリーニング検査が全くのデタラメであったという点を挙げなければならない。

これは3月13日から、指示区域から避難する住民に対して行われた検査で、3月末までの間に約11万人が受けたものであるが、実際に検査開始後間もなくして、スクリーニング基準値の1万

３０００cpmを上回る対象者がかなりの割合で発生し、全身除染のための水（お湯）や着替えを確保することが困難となり、スクリーニング基準の引き上げ要請が現場からなされ、県や国がそれを認めて3月14日からは10万cpmへと約10倍も基準を緩めるという対応を行った。これによって初期防護対策は大きく破綻してしまったのである。

以下の文書は、このことを示す福島県地域医療課が発出したものである。

この緩められたスクリーニング基準は２０１１年（平成23年）9月16日まで継続されたのである。このことは、極めて多数の避難者に事故初期の段階で既にかなりの量の放射性生成物が体表面に付着していたことを裏付ける重大な事実であり、福島原発事故における

緊急被ばくスクリーニング体制について

平成23年3月14日
保健福祉部地域医療課

3月15日以降のスクリーニング体制については、次のとおりとします。

1　基本的な考え方
住民に対する安心・安全の確保

2　具体的な対応
(1) 各避難所における対応
各保健所や応援等で編成するチームにより、スクリーニング、除染を行う。
(2) その他（被ばく重症患者）
災害対策本部に連絡が入ったら、被ばく状況に応じて、福島県立医科大学若しくは放射線医学総合研究所に搬送する。

3　スクリーニングレベルの変更
(1) 変更の内容
全身除染を行う場合の原稿《ママ》のスクリーニングレベル13,000cpmを100,000cpmに変更する。
なお、13,000cpm以上、100,000cpm未満の数値が検出された場合には、部分的な拭き取り除染を行うものとする。
適用日は、平成23年3月14日からとする。
(2) 変更の理由
平成23年3月13日、文部科学省から本県に派遣された被ばく医療専門家及び放射線医学総合研究所の研究員の意見、さらに、福島県立医科大学の取り扱いを踏まえ、改正するもの。
(3) 県民への説明
上記の対応により、健康に影響のないレベルになる。

4　除染における排水の処理について
排水については、環境に影響を及ぼすことが想定されないレベルであるという上記専門家の意見を踏まえ、一般排水として取扱うものとする。

初期内部被ばく問題は極めて大きなテーマとして取り組まれなければならないことを物語っているのである。

そして第二の問題点は、避難を指示すべきタイミングが遅れ、且つ避難指示範囲が狭すぎた結果、多くの住民が危険なレベルの初期被ばくを受ける羽目になってしまった、という点である。

これに関しては、３月12日の午前中に東電は、炉心溶融の可能性があることを予想して１号機のベントを始めていたこともあり、遅くとも14日には明確にメルトダウンが起きていると判断できる状況にあったはずである。

２０１６年（平成28年）４月になって、東電幹部はこうした事実を明らかにしており、「事故後２カ月後までメルトダウンと判断できなかった」というそれまでの東電の公式見解を否定する発言を行っている。つまり、炉心溶融をめぐる東電および国の判断が（正式には公表が……というべきだが）大幅に遅れたがために、原発近接地域や10㎞以遠の地域から十分な遠方への避難とならなかったり、それ以遠の放射性プルームの流入地域からの避難指示は行われなかった等、被ばく防護という観点から見た場合極めて不十分な避難となってしまったのである。

２０１１年３月12日（土）の午後２時40分時点の双葉町上羽鳥で４・６ミリシーベルト（４６０マイクロシーベルト）／時もの線量があったことが後の福島県のモニタリングポストの検証で判明していた。こうした事実が、２０１４年（平成26年）３月にＮＨＫの取材で明らかになったとされているが（福島県原子力センターが２０１２年（平成24年）に公表したデータでは１・５９ミリシーベルト（１５９０マイクロシーベルト）／時となっている）、このように公的機関による後出しじゃんけん的公表が少なくない。

何よりもその間、多くの住民が取り返しのつかない大量の初期被ばくを受けてしまっているのである。後に計画的避難区域に指定されることとなった20㎞圏外の浪江町津島から葛尾村、飯舘村、川俣町の人々は、正にその犠牲になってしまったのである。

そして第三番目の問題として、3・11以降、放射性物質が漏洩・拡散した全ての被災地域の大気中と土壌の放射能汚染度に関して時期を逃さず継続的に且つ詳細な調査を行い、得られた結果をありのまま国民に公表するという、国としての最低限度の責任が果たされなかったことによって、避難指示区域とされなかった東北から関東、中部地方東部にまたがる広範な地域の住民をも被ばくさせた、という点を挙げなければならない。

たとえば3月21日からの関東方面への放射性プルームの来襲に対する警報アナウンスを行わなかったことによって、首都圏をも含む東日本全域の大多数の人々に対して、本当は自らも被ばく体験者であるはずなのに、福島原発事故による被ばく問題は福島県に限局した問題であって初期被ばく問題は自分達には直接関係はないといったような誤った認識を植え付けてしまうことになってしまった。

ともあれ、事故発生直後からの初期被ばく状況に関する東電および国や福島県の行政担当者の対応によって、数十万から数百万人以上に及ぶ膨大な数の住民の初期被ばく状況はあまり問題にされることなく、フォールアウト（放射性降下物）による環境汚染に起因する外部被ばくと食品に起因する内部被ばくといった慢性長期被ばく問題への対応のみが強調される中で、初期被ばくによる放射線障害の問題は無視されて行くこととなってしまった。

３・11以降に明らかとなった小児甲状腺がんの多発という問題や、事故後間もなくから原災地で多発していた心臓血管系や脳血管系の疾患による死亡という臨床疫学上の大きな異変は、この初期被ばくという問題について改めて検証する必要があることを示唆する重大な兆候というべきであろう。

2・2・1補遺(1)　福島県は3月11日夜には空間線量が異常な値になっていることを把握していた?

福島中央テレビ（ＦＣＴ）は２０１１年（平成23年）３月12日昼に起きた福島第一原発１号基の大爆発やその２日後の14日に起きた３号基の大爆発を世界で唯一報道したことで有名である。

事故の発生当時、郡山市のＦＣＴ本社で報道現場を仕切っていた丸淳也報道部次長（デスク）は、今回日本共産党機関紙「しんぶん赤旗」の取材に対して、「３月11日、とてつもない揺れに襲われた後、これからどんな現実に直面するのかと恐怖しました。その夜、県から空間線量が異常な値になっているとの情報が入りました。」とハッキリと証言している。

（２０１６年（平成28年）３月９日付しんぶん赤旗から要点のみ部分抜粋したもの）

2・2・1補遺(2)　継続している深刻な土壌汚染

最近、週刊誌「女性自身」（光文社）に下記のような記事が掲載された。発行部数約40万部前後がある女性週刊誌が、このような記事を書いたことは刮目すべきである。孫引きになるがそのエッセンスを転載する。

福島「放射性物質」土壌汚染調査8割の学校で驚愕の数値が！

地表面の線量もいまだ毎時1マイクロシーベルトを超える場所が。土壌汚染はさらに深刻

「中2の息子は、下の子を連れてカブトムシを捕りに行ってしまうんです。汚染した土を触った手を口に持っていったらと考えると、あれしちゃダメ、これしちゃダメ、と口うるさくなってしまって」（南相馬市・遠藤美貴さん・37）

「昨年11月に子どもふたりの尿を測ったら、微量ですが放射性セシウム137が出ました。外遊びする長女のほうが、控えている次女よりも数値が高かったので、外遊びさせるときは、なるべく県外に連れ出しています」（福島市・澤田恵子さん・仮名・37）

「うちの息子や地域の子供たちが40年間遊んだ滑り台を撤去したんです。残したかったけど、遊具の下の土がひどく汚染されていたので」（会津若松市・会津放射能情報センター代表、片岡輝美さん・54）

〝復興〟が加速しているように見える福島県。しかし本来、放射性物質の影響は、数百年続く。それを「なかったこと」にして目先の〝復興〟だけしようとする圧力が強まるなか、子供の将来を心配する母親たちが、冒頭のように実情を語ってくれた。

彼女らの声を受け、汚染の実態を調べるため、本誌取材班は昨年末から、福島県内の小中学校周辺、約60か所の土壌をランダムに採取。土壌に含まれる放射性セシウム137を調

査した。

結果は、約8割の場所で放射線管理区域の4万Bq（ベクレル）／平米をはるかに超える高い値が出た。

放射線管理区域とは、放射線による障害を防止するために、法令で管理されているエリアのこと。

この法令によると、18歳未満は、放射線管理区域での就労も禁止。大人であっても10時間以上の就労は禁止、飲食も禁止という厳しい規定だ。

福島県では5年経っても、そんな中で子供たちが普通に生活させられている。なんと二本松市内では、108万Bq／平米（二本松第二中周辺）という、チェルノブイリ原発事故の影響を受けたベラルーシなら〝第二次移住対象区域〟に相当する高濃度の汚染も……。青森県黒石市・高舘のパーキングエリアの土120Bq／平米と比べると、差は明らかだった。

高一の次女と共に、福島県郡山市から神奈川県に自主避難中の坂本富子さん（仮名・54）は、この結果を見て肩を落とす。「私は看護師ですが、病院の放射線管理区域（レントゲン室など）に入るときは鉛のエプロンを着けて被ばくを防ぎます。なのに、なぜ福島だけ、こうした環境で生活させられるんでしょうか」

今回、土壌測定の監修をしてくれたNPO法人市民環境研究所の研究員で第一種放射線取扱主任者の資格を持つ河野益近さんは、「土壌の汚染は、まだらで、数センチ採取する場所が違っただけでも値は変わります」と前置きしたうえで、「福島市内でも、半減期が30年のセシウム137が原発事故前の値に戻るまでには、300年以上かかります」と、その深刻さを説明する。（2016年3月8日「女性自身」より）

2・2・2 世界各地の核被害

ここで少し視点を移して、これまでの世界各地で引き起こされた核被害問題について概観してみたいと思う。というのは、福島原発事故に対するIAEA（国際原子力機関：International Atomic Energy Agency）や、ICRPといった国際原子力関連の民間機関が福島第一原発事故を巡って行っている指導内容や日本政府と福島県の対応様態が、1942年にマンハッタン計画を以って始まった人類による核エネルギーの軍事利用という核の誕生の歴史と深く関連していると考えられるからである。

ナチスドイツとの戦いに勝利するためとして、アメリカに亡命したユダヤ人物理学者のレオ・シラードが、同じ亡命ユダヤ人物理学者のアインシュタインの署名を借りてルーズベルト大統領に核連鎖反応が軍事目的に利用され得るという内容の「進書」を送ったのが1939年であった。そしてその約3年後の1942年に、核兵器開発はマンハッタン計画として正式に発足した。

核開発しようとしているのは戦争目的のための核兵器であり、しかも放射能による人体への破壊的影響も知悉していた計画遂行者達は、徹底した秘密主義の下で研究開発を進めた。従って、核問題に関する全ての情報は、当初より軍事機密に属するものとして国家的情報統制の対象とされる宿命を持っていたと言えよう。

１９４５年７月、世界初の原子爆弾の実験がアメリカ・ニューメキシコ州の南東部で行われた。そして同年８月の広島／長崎への連続原爆投下という許されざる無差別殺人犯罪が断行され、以降、愚かな核開発競争が世界規模で進むこととなったのである。

１９５３年の国連総会で、アイゼンハワー元アメリカ大統領が「Atoms for Peace」という演説を行って核エネルギーを発電にも用いる方向に拡大させたのも、アメリカの核戦略体制を維持せんがための政策であり、根底に流れている「核に関する情報の秘密主義」は強固に堅持されたまま今日に至っている。ＩＡＥＡはそれを現実的に実行する国際組織としてアメリカ主導で設置されたものである。

この間、数えきれない程多くの核被害が世界中で起きているが、５大核保有常任理事国の権力の下でそれらは基本的にはローカルな問題として小さく扱われ、歴史の中に埋没させられようとしている。その中で、筆者がこれまでに知り得たものの中で絶対に見過ごしてはならない事故や事件として以下を挙げておきたい（資料は主に、広瀬隆著『東京が壊滅する日』ダイヤモンド社　２０１５年に負っている）。

①アメリカ合衆国内における核被害

アメリカは人類最初の核兵器を２回も使用した国であり、最も多くの核実験を行った国の一つであり、メルトダウンという重大なスリーマイル島原発事故を起こし、戦争で劣化ウラン弾を用いて甚大な放射線障害を引き起こしてきた核大国である。アメリカの核に対する戦略的意図が今日の世界が抱えている核問題の大半を支配していると言っても過言ではない。

- ネバダ核実験による原子力兵士（アトミックソルジャー）とユタ州南西部住民の大量のガン発生

１９５１年から１９５８年の８年間で合計１００回の大気圏内核実験が行われたアメリカ西部のネバダ州から２５０㎞風下の東隣にあるユタ州の街セントジョージで、その後数十年にわたって小児白血病を含む多種多様なガンが異常に多発した。また、核実験に従事した原子力兵士にも通常の３００％を超える白血病発症が認められるようになった。１９８０年のピープル誌はアメリカ国内で行われたいくつかの核実験の結果をアメリカ市民に明らかにしたが、同誌はその中で、１９５６年のチンギスハーンを模した映画「征服者（英語版）」の約２２０人の出演者とスタッフのうち、91人が癌で死亡し、その中にはあの有名なジョン・ウエインらも含まれていたとの記事を発表したとされる。これに対して当局は当初、ネバダ州における核実験との因果関連を全面的に否定していた。

- ハンフォード・サイトの核汚染

マンハッタン計画の中でのプルトニウムの生産拠点として１９４３年に設立されたワシントン州南西部のハンフォード・サイトでは、通常の操業と核廃棄物処理施設からの漏洩によって周辺地域やコロンビア川水系等への大量且つ継続的な放射能汚染が引き起こされてきたことが明らかとなり、アメリカ政府はこの地域の長期環境改善計画を立てて実施しているが、予定通りには進んでいない。

　ここでの健康被害の実態は公式には明らかにされてはいないが、住民は長年深刻な健康被害の実態を訴え続けている。被災地ハンフォードの「語り部」農民のトム・ベイリー氏は、3・11後に来日して次のように証言しているので、少し長くなるが引用してみる。

■「語り部」農民、トム・ベイリーさん

福島第一原発事故後の2011年夏、原水爆禁止世界大会に招かれて長崎に行ったんだ。集会で日本人科学者が「福島の放射能は大丈夫。心配ない」と発言したから、俺は思った。「ばかじゃないか。原子炉が三つも爆発したんだぞ。自分は科学者じゃなくてただの農民だけど、大丈夫じゃないことくらいは分かる」と。

福島住民の放射線被ばく（ひばく）の「許容線量」を上げておいて、日本政府は「心配ない」って言っているんだろう。ここハンフォードでも同じさ。40年にわたって「許容線量」を上げ続け、がんで施設周辺の住民が次々と死んでいるのに、科学者は「これは安全なレベルの放射能です」ってね。

確かに、ハンフォード周辺はワイン産地として売り出しているし、ジャガイモは日本のファストフード店用にも輸出しているよ。畑の緑の景色はきれいだから、放射能の危険性が見えなくなる。畑で働いているのは放射能について何も知らないメキシコ系移民たちが多い。危険性がわかっている科学者たちは自分の子どもや孫たちをここに住まわせたりしない。リタイアした裕福な老人たちには気候が良くて、いい所だがね。

「マンハッタン計画」が始まった1940年代、ハンフォード核施設では放射性廃棄物を敷地の土中に直接埋めていた。それが施設沿いを流れるコロンビア川に漏れて汚染した水を当時の住民は飲んでいた。さらに49年の「グリーン・ラン実験＊」で前代未聞の大量の放射性物質が意図的に大気中にぶちまけられた。ハンフォードは地球上で最も放射能に汚染された場所になったにもかかわらず、政府や企業はそのことをずっと隠し続けてきた。

施設の風下にあたるうちの近所一帯は「死の1マイル」だ。家族や友人らが、がんや白血病で次々と死んでいく。俺が4歳くらいのころ、金属製の箱を持った男たちがうちの庭に勝手に入って、シャベルで土をとっていた。ガイガーカウンター（放射線測定器）で放射線を測っていたんだろう。暑い日なのに、SFの宇宙服のようなものを着ていたのは、防護服だったのだろう。俺は子どものころから病気がちで、他の子どもたちとともに甲状腺や全身、血液の検査を定期的に受けさせられた。好奇心を抑えきれない科学者たちが、人間を家畜のように扱って、放射線の人体への影響を定点観測していたんだろう。日本に行ってショックだったのは、原爆障害調査委員会（ABCC）の医師らが広島・長崎の被爆者たちの検査をしながら治療をしていなかったと知らされたことだ。俺たちと同じじゃないか、と。

俺自身も皮膚がんを患い、無精子症と診断された。それでも子どもがほしかったから国内外から7人の養子をもうけた。しかし、その遺伝していない養子たちにも放射能の影響がでている。俺の友達はほとんど亡くなり、きょうだいもがんを患っている。近所の女性たちは流産したり、奇形児を産んだり、世代を越えて被ばく（ひばく）の影響が続いているんだ。

（2016年（平成28年）1月13日　朝日新聞DIGITAL特集・連載　核の神話：9　農民が語る　汚染された米国の「真実」より引用）

＊グリーン・ラン実験

1949年に、ソ連の核開発情報を確認する目的で行われた意図的な放射能の放出実験。通常の6分の1の冷却期間しか経っていないウラン燃料棒を冷却槽から取り出して空中に放置して環境への影響を調査した。これによって南北1・929km、幅640kmの範囲が汚染された。

因みに、現在、福島原発事故被災地の復興計画として進められている「福島・国際研究産業都市（イノベーション・コースト）構想」は、このハンフォードでアメリカが取り組んでいる地域改変事業を福島原発事故後の地域再生のモデルの一つと見て参考にしている。それは、構想をまとめる過程で2014年（平成26年）1月に、当時の原子力災害現地対策本部長（赤羽経産相副大臣）が「米国国際標準技術研究所（NIST）、テキサスA&M大学、ハンフォード・サイト周辺地域を訪問し、『福島・国際研究産業都市構想（イノベーション・コースト）研究会』の検討事項について、要人との意見交換及び視察を行った」ことを報告していることや、『福島・国際研究産業都市（イノベーション・コースト）構想研究会報告書――世界が注目する浜通りの再生――平成26年6月23

日福島・国際研究産業都市（イノベーション・コースト）構想研究会』の報告書の1．初めに　3．地域再生のモデルの部分に、★コラム：米国ハンフォード・サイト周辺の地域発展というコラムを掲載していること等から確認できる。

ということは、実は、本当のところ国は福島の原災地を、ハンフォードにおける核惨事と似た状況であると認識している、ということではないのか。

②本土以外の原水爆実験場における核被害

• マーシャル諸島・ビキニ環礁等における核被害

アメリカは1946年から1958年にかけて、マーシャル諸島のビキニ環礁とエニウェトク環礁において67回に及ぶ原水爆実験を行った。それらの中で特に、1954年（昭和29年）3月1日にビキニ環礁で行われた水爆実験（実験名：ブラボー）は現地の人々に対して重大な核被害を与えたのみならず、近接海域で操業していた日本の遠洋マグロ漁船に対しても重大な被害を与えた。これらは現在「ロンゲラップ島の悲劇」や「第5福竜丸事件」として語り継がれているが、あれから60年以上も経った現在なお、晩発性放射線障害に苦しみながら、補償や支援の対象とされない多くの人達がいるとされる。

• アルジェリアのサハラ砂漠やポリネシアのムルロア環礁等における核被害

フランスは1960年から1996年に至るまでの間に計210回の核実験を行ったと

される。当初はアルジェリアのサハラ砂漠で（１９６０年〜１９６６年）、その後はフランス領ポリネシアで実施された（１９６６年〜１９９６年）。

これらの地域における地域住民の核被害内容の詳細については不詳であるが、フランス国防大臣は、「軍人と地域住民合せてサハラ砂漠では2万人、ポリネシアでは12万７０００人が被害を受けた」と報告している。２００９年に核実験被害者補償法（フランスによる核実験の被害者の認定及び補償に関する２０１０年1月5日の法律第２０１０‐２号）を制定して新たな補償方式を定めたが、これも、放射線被ばくがあったとされる所定の場所及び期間に居住又は滞在し、かつ、放射線被ばくに密接に関係する疾病に罹患しているかどうかを調査して補償委員会が最終判断する、となっていて被害者にとっては必ずしも十分なものにはなっていない。これ以前までは軍人に対するもの以外は極めて不十分な補償で、政府が疾病と被災の因果関係を認めたものに対してのみ一括支給金が支払われていた。２０１０年予算法によると、補償金予算の総額は１０００万ユーロ（1ユーロ１１０円として、11億円）であるとされており、かなり低額である。

この他、イギリスによるクリスマス島やオーストラリア近海島での核実験、旧ソ連によるカザフスタン北東部のセミパラチンスク核実験場、中国の新疆ウイグル自治区での核実験など、核保有各国が繰り返し行ってきた蛮行によって、放射能汚染は全世界にばら撒かれ、今なお核被害に脅かされ続けている人々が世界中に存在していることを忘れてはならない。

思うに、「自然界の放射線量」とか「バックグラウンド値」と言われる数値自体が既に人工放射能によって汚染されている大地である可能性があるのではなかろうか。

③旧ソ連における核被害

・ウラルの核惨事

これは、ハンフォード・サイト核汚染の旧ソ連版とも言うべき核被害である。

旧ソ連では、１９４５年にプルトニウムを生産する工場をウラル山脈の東南麓でシベリア地方西端に位置するチェリャビンスク州マヤークに建設することを決定し、１９４８年から原子炉を稼働させた。しかし、当時のソ連では放射能の危険性が十分に認識されておらず、極めて杜撰な核廃棄物処理が秘密裏に行われていた。

ここでは甚大な核汚染被害が発生し続けており、加えて１９５７年９月29日には放射性廃棄物のタンクの冷却装置が故障するという国際原子力事象評価尺度（ＩＮＥＳ）レベル６という重大事故が発生している。これらは１９７６年にイギリスの科学誌が初めて報じ、１９７９年にソ連から追放された原子力科学者ジョレス・アンドロヴィッチ・メドベージェフによって著された一冊の本によって世界に知られるところとなった。そこには、驚くべきデータのねつ造や甚大な被害の隠蔽について明らかにされているという（著書は、梅林宏道訳『ウラルの核惨事』技術と人間　１９８２年発行）。広瀬隆氏によれば、「病院は〝放射能汚染〟の犠牲者で溢れ……、数千人の患者の殆どは死んで行った……、強制退去者は数万人に及び実際の死者数はいまだに不明である……」とある。１９４８年からの核廃棄物の投棄、１９５７年のタンクの爆発、そして１９６７年からの放射能の飛散の一連の事故を総称してウラルの核惨事と呼ばれる。

・このほか、旧ソ連における数々の核被害が公表されているが省略する。

④原子力発電所関連施設事故による核被害

・スリーマイル島（ＴＭＩ）原発事故及びチェルノブイリ原発事故

１９７９年３月28日、アメリカ合衆国東部のペンシルベニア州にあるスリーマイル島原子力発電所で発生した国際原子力事象評価尺度（ＩＮＥＳ）５のメルトダウン事故と、１９８６年４月26日に旧ソ連ウクライナ共和国北部にあるチェルノブイリ原子力発電所の国際原子力事象評価尺度（ＩＮＥＳ）７の最重大過酷事故は、福島原発事故に先行して起きた全世界周知の重大原発過酷事故であるので、これについての記述は省く。

・ウインズケール原子炉火災事故及びセラフィールド再処理工場からアイリュッシュ海への放射性廃液の異常放出

イギリスの大ブリテン島北西部のカンブリア州シースケール村にあるプルトニウム生産工場（旧ウインズケール軍事用原子炉）で１９５７年10月に国際原子力事象評価尺度（ＩＮＥＳ）５と判定された重大火災事故が起きた。その際避難命令が出ておらず、地元住民数十人がその後白血病で死亡した。この時の首相はハロルド・マクミラン（在任：１９５７年1月～１９６３年10月）であったが、以後30年間極秘にされていた。今でも白血病発生率は全国平均の3倍とされる。

さらにその後１９８０年代に入り、セラフィールドと改名された同地の核燃料再処理施設がアイリッシュ海への大量の放射性物質の持続的漏洩事故を起こしていたことが明らかになった。これによる被害の全貌はなお不明であるが、アイルランド住民からの閉鎖の訴えが起こされている。

⑤劣化ウラン弾による核被害

劣化ウランとは、天然ウランからウラン２３５を取り出した後のウラン２３８の比率がより高いウランを指し、硬度や密度が高いため軍事面では弾丸や砲弾に利用されているもので、１９９１年の湾岸戦争や２００３年以降のイラク戦争時にアメリカによって使用された劣化ウラン弾による核被害が問題となった。具体的にはアメリカ軍の帰還兵に見られた「湾岸戦争症候群」や、地域住民の白血病の罹患率や奇形の発生率が高いと言われている。これらが核被害であるか否かは未だ論争中であるが、中東地域からバルカン半島にかかる広大な地帯に大量に用いられてきたことは、極めて憂慮される事態であり、今後の経過を注視する必要がある。

以上見てきたように、これまで米ソを頂点とした核保有国はそれぞれに重大且つ深刻な核汚染事故・核被害を起こして来ているが、それへの対応は驚くほど共通している。即ち、『事実の隠蔽』『汚染の過小評価』『被ばく量の過小評価』『健康被害との因果関連の否定』『原子力産業の継続』である。自国の軍事的優位性を堅持せんがためのこうした基本姿勢は核関連事業者にも共有されており、全世界の核被害問題はマイナーでローカルな問題として扱われ、今日まで世界的規模で取り組まれるべき最重要課題から締め出され続けて来たのである。核被害に対する世界のこうした基本姿勢は、当然のことながらわが国においても貫徹されているものであり、福島原発事故もまた「『事実の隠蔽』『汚染の過小評価』『被ばく量の過小評価』『健康被害との因果関連の否定』『原子力産業の継続』」という対応がなされて行く運命にあるのだろうか、と慨嘆せざるを得ないのである。

2・2・3　電離放射線は生体の再生及び遺伝機能に対して何らかの影響を与えずにはおかない

電離放射線（以降、特段の断りがない場合は単に放射線と記すものとする）が生命活動に何らかの影響を与えることは疑いようのない事実であり、自然の原理である。そして、与える影響の内容と程度は、加えられた電離放射線の種類と単位時間当たりの量と照射時間に左右される、ということも事実である。これは、ガンの発生に関しては確率的影響域とされる１００ミリシーベルト以下のいわゆる低線量の被ばくであっても、確定的影響域と同じく線量と放射線障害との間には一次関数的な関係性があるとする『直線閾値無し仮説（Linear non-threshold hypothesis：LNT仮説）』と呼ばれる考え方に通ずるものである。この考え方については、既に2000年にはUNSCEARが、そして2007年にはICRPが認めているのであって、考え方自体は既に決着済みのテーマであると見るのが至当であろう。ただ、このレベルの被ばくによる発がん問題を立証することは現在の医学疫学的手法ではまだ難しいとしているだけであって、影響はない、という考え方は否定されているのである。しかるに、福島原発事故に起因する健康被害の問題に対する問いを発する際に、いまだに「100ミリシーベルト以下の低線量域においては統計学的に有意な関係は不明である」という旧来の「閾値理論」を振り回して原発事故被災者の健康問題を無視しようとする原子力ムラ利権集団に利用されている〝学者〟集団が存在し続けているのである。

言うまでもなく、現在の医学生物学が到達している水準では、生体にとって有害なあらゆる物質や微細生物が及ぼす健康障害について完全にこれを解明し実証することなど到底できてはいない。加えて核による健康への影響を研究する学問分野は国によって推奨されてはおらず、日の当たらない分野にさせられていて、国家の核政策にそぐわない研究は冷遇されるという明確な政治的意図が貫徹されている。こうした研究環境の中で、電離放射線が生命活動に及ぼす影響に関する医学生物学的研究が飛躍的に進歩することを期待するのは、残念ながらなかなか難しいというのが現状ではないだろうか。

2・2・4 内部被ばく問題については医学的にはまだまだ不明な点のほうが多い

これまで再三触れてきたように、2016年（平成28年）10月11日現在、国は2011年（平成

23年）３月11日に東電福島第一原子力発電所の事故に対して発令した原子力緊急事態宣言をいまだに解除せずに継続させている。これを素直に受け取れば、福島第一原発はまだ「冷温停止を維持するための安全対策が講ぜられていることが確認されておらず」緊急事態に陥る可能性が否定できない状態にある、と考えるのが常識である。しかし既に第1章（１・２・５）及び本章２・１・２でも触れたように、今なおこの緊急事態宣言を解除しないまま、一方では年間追加被ばく線量1ミリシーベルト以上の高線量地域に被災住民を帰還させ、住まわせ続けているという矛盾に満ちた施策を進めている国の真の意図は、一体どこにあるのであろうか。原子力緊急事態宣言下の地域で、危険と隣り合わせの、そして平時よりもはるかに高線量の地域で生活し続けさせられているというこの非情な現実を、国はどう解決しようとしているのであろうか。

加害者側に立つ者は、閾値理論やホルミシス効果、ストレス説、果てはタバコや生活習慣原因説まで持ち出す等、考え得るあらゆる仮説や理論を繰り出して安全性を強調し、「リスクコミュニケーション」や「福島エートス運動」などを通じて現に生じている様々な健康障害事態を原発事故とは無関係であることを強弁し続けている。その最たる例が、多発する福島県内の小児甲状腺がんについて、福島県「県民健康調査」検討委員会が『原発事故との因果関連は考え難い』という公式発表を繰り返している驚くべきその基本姿勢である。

しかし、既に見てきたように、「放射線は生命活動に対して何らかの影響を与えることは自然科学的真理」である以上、我々は先ずはこの自然の摂理に立脚して放射線が生命現象に及ぼす影響に関して純粋に自然科学的、論理的に考究して行く必要があるのであって、それを抜きにしていきなり政治経済的観点から屁理屈を弄して無害論や安全論を押し付けてことを済まそうとする集団は、黒を白と言いくるめて被害者を切り捨てるものであって、ある意味では加害者以上に罪は重いと言わなければならない。

さて、放射線が生命活動に与える影響を研究する自然科学分野としては放射線生物学や放射線医学が挙げられるが、これらの領域に関して筆者は門外漢でありその研究活動内容について何事かを語る資格はない。ただ、医師のはしくれとして、臨床医学と基礎医学、あるいは臨床医学と生物科学との関係性について、若干の見解を述べておくことは許されるであろう。

生体内で生じている何らかの異変が、医療や臨床医学の場で疾病や障害として認識されるようになるまでには生体内で多くのプロセスを経なければならず、神の領域に属するかもしれないその厳密詳細なメカニズムを現代医学は未だ十分には解明し切れてはいない。医学において古より認識されているこの「ジェノタイプ（遺伝型）とフェノタイプ（表現型）との間の非連続的／スキップ的関連性」という生命プロセスの奥深さは、「電離放射線による遺伝子レベルあるいは細胞レベルの部分的逸脱が即時的に臨床レベルでの発症・発病に連続的に繋がるものではない」ということを我々に教えていると考えなければならない。そしてさらに、「しかしながらそのことは、遺伝子あるいは細胞レベルに部分的逸脱が引き起こされた場合は、直ちに臨床症状が現れなくても、あるタイムラグを置いた後に明確な疾病や障害が生ずる可能性を完全に否定し去ることはできない」、ということをも含んでいる。「直線閾値無し理論」とはこのような生命過程における複雑な事情を認める理論であり、厳密な科学的意味での許容線量なるものを設けることは論理的に成立し得ず、高々「差し当たりの認容基準（＝がまん基準）」を社会的合意点として暫定的に取り決めよう、という妥協案を提案することを認めるものでしかない。

放射線による健康障害の問題に関して、もう一つ重要な問題を論じなくてはならない。それは、「電離放射線によって引き起こされる健康障害は非特異的なものであって疾病特異性はない」という医学生物学的考え方に関しての議論である。周知のように、UNSCEARは小児甲状腺ガンと白血病のみをチェルノブイリ原発事故による放射線被ばくに起因すると認定したが、ウクライナ政府やロシアの医学者が原発事故に起因する疾病であると主張している心臓疾患や多様なガン、先天異常等の様々な健康障害はストレスや生活習慣等の他の要因に因るものだとして一切認めてはいない。しかしながら既に放射線医学／生物学は、電離放射線が単に染色体の切断といった単純なダメージのみならず、細胞内代謝機構やミトコンドリアへの影響など細胞全体に対する広範な傷害を引き起こし、生体の修復機構をも傷害するなど、細胞レベルでは疾病非特異的・全般性傷害が発生することを明らかにしている。即ち、生体が被る生命再生機構の障害度は、どの組織細胞にどういう種類でどれ位の線量の電離放射線がどのくらいの期間照射されたかによって異なるものであり、臨床面に現れる様々な疾病や障害はスペクトラム（連続体）的に現れるものとして捉えられるべきものであって小児甲状腺がんと白血病以外の疾病は発症しないなどということは論理的にもあり得ない。

なお付言すれば、放射性物質による内部被ばくの問題を考える場合に、全ての取り込まれた放射性物質が速やかに体外に排出されるとは限らず、一定の組織臓器には濃縮して蓄積される、ということが唱えられていて、甲状腺では空間線量の約1万倍の、胃腸では数千倍もの被ばく量に相当する濃縮がおきていた、とする学説もある。これについては筆者は全く不詳であるが、こうした学説もあるということは知っておくべきであろうと思う。

一般に医学研究において、ある病態が引き起こされた要因について、主因と副因に区分けして考究することは治療戦略上極めて重要なことであることは言うまでもないが、臨床的には一次要因が二次的要因を引き起こし、やがてはその二次的要因が生命にとって主たる病因となることがままある。

事故後5年余を経た福島県では糖尿病の増加も問題とされているが、周知のようにこれは後天的にインスリンの分泌量が低下してきて生ずるⅡ型糖尿病が増加しているということであり、管理が不十分な状態が長く続けば視力障害や腎臓障害、更には末梢血管の障害等の合併症に加え、感染症を引き起こしやすくなり、例えば肺炎という合併症で死亡するということもあり得る。この際、糖尿病を引き起こした主因は何かということが基礎医学・生物学研究上は重視されるが、臨床的には糖尿病の管理の良否が主たる課題となる。つまり、臨床では直接死因は肺炎ということになっても、その原因については糖尿病とされるかもしれないし、誤嚥によるものとされるかもしれない。しかし医学研究においては、その患者が後天的にインスリンの分泌量を低下させることになった原因は何かを探ることが課題となる。つまり、糖尿病という疾病はいかなる一次要因によってひきおこされたのか、という点を解明することが純粋医学生物学的研究の目標となる。現在の内科学ではそれについて生活習慣と遺伝的要因にターゲットを絞っているが、例えば電離放射線の被ばくが要因の一つとして作用している可能性を完全に否定し去ることはできるのであろうか？

このような問題の立て方で考察を進めてみると、放射性ヨウ素と甲状腺疾患、放射性セシウムと心臓血管性障害や脳血管性障害、ストロンチウムと骨髄疾患、プルトニウムと肺ガン等の既に語られているこれら放射線被ばく関連疾患以外にも、もっと広範で多様な関連疾患・関連障害が既に原発事故被災地で発生している可能性についても検討すべきである、という考え方が成り立つ。要は電離放射線による生命過程への影響を分子レベル／原子レベルで見ていった場合、まだ多くの不明な問題が横たわっており、とりわけ内部被ばくの問題は殆ど解明されていないと言うべき学的水準にあるのだから、予断を持って臨床現場を裁断してはならない、ということになる。

しかしながら核被害の実相とその科学的解明という課題に関してこうした考究を進めようとする際には、その前に国際的原子力利用推進集団の政治権力が障壁となって立ちはだかってくる、という冷徹な現状認識を持って取りかかる必要がある。電離放射線による健康障害の問題は、圧倒的に政治経済的要因によって左右されてきた、というのがこの70年間の原子力被害の歴史の中で明らかとなった紛れもない事実なのである。

2・2・5 加害者は与えた被害をより小さく見積もるのが常である

この問題についてはもはや多言を要しないであろう。

これはおよそあらゆる人為的加害／被害問題において認められる原則とも言うべき事実である。この原則は、小は個人間から大は国家間に至るまで、あらゆる局面で認められる普遍的原理とすら思える現象である。

加害者の東電や加害責任者の国があらゆるチャンネルを使って、「『事実の隠蔽』『汚染の過小評価』『被ばく量の過小評価』『健康被害との因果関連の否定』『原子力産業の継続』」を目論み、推進しているのはその典型である。

被害者はいつの場合でも、加害者のこうした「加害者が持つ普遍的姿勢」を明確に認識し、彼らにしてやられないための強い意志と連帯を持ち続け、知識を進化させて対峙して行く姿勢が求められるのであり、被害者がそれを放棄した時点で加害者の論理が正論としてまかり通ってしまうことになるということは、よくよく承知しておくべき歴史的教訓であろう。

2・3 福島原発事故による健康障害

福島原発事故による健康障害の実態はまだ殆ど把握されていない。誰が見ても明らかであると思われる小児甲状腺がんの多発見についてさえ、「福島県『県民健康管理調査』検討委員会」は原発事故との因果関連は考えにくいとしており、国や福島県の公式見解を信じる限り、事故後5年半を経ても福島原発事故と関連のある健康障害はゼロである、ということになる。

ほんとうにそんな奇跡があり得るのだろうか？　質量が大きく遠くまでは飛ばないとされているプルトニウム239が45km離れた飯舘村で検出されたり、約80km離れた白河市でストロンチウム90が検出されたということは、希ガスやガス化した放射性ヨウ素やセシウムのみならず固体性の放射性物質も広範囲に拡散した、ということを意味する。こうした情報は事故後数ケ月から半年以上経ってから、小出しに発表されるのが常である。

ばら撒かれた放射性物質による健康障害の問題は、生活再建の問題と共に被災者にとっては最大の懸念材料であるにもかかわらず、国も県も「福島原発事故による健康障害は生じていない」というプロパガンダをなりふり構わず喧伝して、何としても存在している健康障害実態を隠蔽しようとしている。百歩譲って、放射能による健康障害は数年から数十年単位で見て行かないと分からないものであるという立場から、「今のところは断定的に言える現象は検出されてないが、今後については不明である」という見解を示す方がまだ分かる。しかし、国や東電、福島県はあらゆる理屈をつけて事実を隠蔽し続けている。これは原子力ムラ利権集団の基本姿勢と同一のものである。

以下、この問題に関して、筆者の見解を述べながら論述してみる。

2・3・1　多発見されている小児甲状腺がん

この問題は、この間多方面でしばしば取り上げられてきており、比較的広く知られている原発事故関連問題のひとつであろう。

福島県は放射線による県内の健康障害問題への取り組みを進めるため、2011年(平成23年)5月19日に「県民健康管理調査」検討委員会設置要綱を策定し「福島県『県民健康管理調査』検討委員会」を設置し、同年5月27日に第1回目の会合を開いた。この委員会は福島県民の放射線障害の実態を継続的に調査検討して行くために設置された福島県の体制であるが、その運営実態には多くの問題が内包されている。発足当初の委員には山下俊一、神谷研二、明石真言等の名もあり、2013年(平成25年)2月の第10回委員会まで座長を務めていたのは山下俊一氏である。当初から、本会議前に秘密裏に打ち合わせ会を持って情報の操作・隠蔽を行っていたことが発覚するなど、被災者の健康問題への真摯な取り組みというよりも、いかにして被害を小さく見せるかを目的とした組織体制ではないかと見られる問題を起こしてきた。それは2014年(平成26年)4月に「福島県『県民健康調査』検討委員会」と改称するまで3年間も「管理」という言葉を平気で用いていた関係者の感性からも読み取れるとも言えよう(これらの問題に関しては、日野行介著『福島原発事故　県民健康管理調査の闇』岩波新書　2013年　に詳しい)。

さて、その「福島県『県民健康調査』検討委員会」が取り組んできた最重要課題のひとつが小児甲状腺がんの問題である。福島県において実施されている小児甲状腺がんの検診の結果は発表の度毎に患者数が増加してきており、最新の2016年(平成28年)9月14日の第24回「福島県『県民健康調査』検討委員会」で配布された資料には、先行検査で115名、本格検査で59名、総数174名が甲状腺がんまたはその疑いと診断された、と発表された(内、疑いは4名のみ)。

多くの県民は、検診が実施される前は「甲状腺がんの発症率は１００万人に数名程度」と聞かされていたので、２０１３年（平成25年）６月５日の第11回検討委員会で28例の甲状腺がんとその疑い例があったと公表された時の衝撃は極めて大きかった。その後、先行検査結果及び本格検査の名で行われている検診結果は公表の度毎に症例数は増加してきており、最新のデータではついに１７４例という数にまでなっているのである。また、福島県以外でも既に近県で合計５例の甲状腺がんが見つかってきており、今後福島県内のみならず東北地方から関東地方にまたがる地域でも小児のみならず19歳以上の大人も含めた甲状腺がんを発病する人々が増加して行くことが強く懸念されるのである。

福島県を中心として明らかになってきている甲状腺がんの多発見というこうした事実に対して、驚くことにこの検討委員会はいまだに「放射線の影響は考え難い」というこれまでの見解を変えていないのである。あまつさえ、これまでその論拠のひとつとして「５歳以下の発病例がない」ことを挙げていたのだが、今回新たに５歳の発病例が見つかったにもかかわらずこれまでの見解を変えることはしなかったのである。

ここまで来ると、「それではあなた方は一体どのような結果が出れば『因果関連がある』と認めるのですか」と問い詰めたくなるのは当然であろう。

とに角、小児甲状腺がんの発症問題をめぐる「福島県『県民健康調査』検討委員会」が発表する資料には分かりにくい部分や理解に苦しむ解釈が多く、相当詳細に見て行かないと的確な批評ができない内容になっている。筆者が特に指摘しておきたい点は、

①被ばく前のベースラインとして行っている２０１１年（平成23年）10月から２０１５年（平成27年）４月までの間に行われた先行検査の対象者36万７６８６人は既に被ばく後７カ月以上を経過しており、厳密には非被ばく者というコントロール群にはなり得ない対象である。これは広島における被ばく対象者を爆心地から２㎞以内の者とし、それ以遠で被ばくして５年後に生存していた者を非被ばく者としてコントロール群としているのと同質の意図的操作であって対照群の選定自体がはじめから間違っていると言わざるを得ない。

↓これは、小児甲状腺がんは事故後５年後から発症するというチェルノブイリ原発事故における誤った認識を基にした発想でもあって二重の誤りを犯しているとも言える。

②多発の要因として精密な検診に起因する過剰診断（診断技術が精緻化・高度化したことで従来看過されていた病態がより早期に、そして多数発見されるのだとする考え方でスクリーニング効果と言われる）を挙げるが、この論理はチェルノブイリにおける甲状腺がん検診に対しても、さらには早期発見早期治療を目指して日常的に行われている現代の一般の検診に対しても適用されて然るべき論理であって福島県の甲状腺検診にのみ適用されるべき論理であってはならない。委員会の言うように、発生頻度の問題をめぐる議論において一般臨床における診断率を比較対象として用いるのであれば、癌を含む他の疾病一般についても検診によらない通常診療の中での診断率という指標を用いて議論しなければならないはずである。しかし現実の臨床では既に早期発見のための検診が日常的に行われているのであって、もし甲状腺がんの多発をスクリーニング効果とか過剰診断に起因するという理屈で以って否定するのであれば、

がん一般の増加や多発という現代的問題も同様にスクリーニング効果や過剰診断に起因するのであって実質は増えてはいない、と言及すべきではないのか。

↓論理の二重基準の問題として厳しく批判されなければならない。
③本格検査で５歳以下の発病例が発見されたことは、「放射線の影響は考え難い」としてきたこれまでの見解の論拠の一つが崩れたものであり、当然のことながら見解の見直しが必要である。
↓にもかかわらずそれを行っていないというのは既に論理破綻をきたしている、というほかはない。
④チェルノブイリ事故と比較して被ばく線量が低いということを「放射線の影響は考え難い」の論拠のひとつとしているが、これは質の問題を量の問題にすり替えてしまったものであって、論理的整合性は保たれていない。のみならず、本当に線量が低いかどうかは異論が多く、確定していないことを論拠として結論を導いている点も科学の基本原則から逸脱している。
⑤発生率の男女比や癌の病理組織学的特徴といった点においても、歪曲や年齢を考慮しない一面的解釈が見られ、科学的検証には耐えられない誤った見解がみられる。
⑥発表された１７４例という数字はそのまま「約30万人中の発病者数」という意味ではない。検診対象者中の受診率は、一次検査、二次検査、細胞診検査という何段階かのステップを辿るごとに減少するので、本来の有病者数はこれよりも多いはずであるし、今後も増加するであろうことが推定される。
等である。

筆者にとっては、福島県の小児甲状腺がんは多発していて福島原発事故に起因する放射線被ばくとの因果関係は疑いようのない科学的事実であると思えるのだが、「福島県『県民健康調査』検討委員会」に対する批判はこれまでにも既に各方面からなされており、岡山大学の津田敏秀教授らのチームも甲状腺がんの過剰発生を指摘している（「Epidemiology」2015 Oct.5 インターネット版）。また、下記の書籍も福島における小児甲状腺がんの異常多発を福島原発事故によるものと結論付けている。

＊医療問題研究会編著：「福島で進行する低線量・内部被ばく　甲状腺がんの異常多発とこれからの広範な障害の増加を考える」、耕文社、２０１５年

＊宗川吉汪　大倉弘之　尾崎望共著：「福島原発事故と小児甲状腺がん——福島の小児甲状腺がんの原因は原発事故だ！——」、本の泉社、２０１５年

そしてごく最近になって、「福島県『県民健康調査』検討委員会」の委員で、子供の甲状腺検査を評価する部会の部会長である清水一雄部会長（日本甲状腺外科学会前理事長）が、辞表を提出するという事態があったことが報ぜられた（北海道新聞　２０１６年（平成28年）10月21日）。辞任の理由として氏は、「検討委が3月にまとめた『放射線の影響とは考えにくい』との中間報告に疑問を感じ、部会長の立場では自分の意見が言えない」と述べたという。これは、これまで公表してきた委員会の見解に納得していない委員がいることを示した大きなニュースである。

以上見てきたことから明らかなように、今後、福島原発事故による甲状腺がんの発病者は小児に限らず19歳以上の大人も含めてさらに増大して行くことが予想される。

ところが驚くべきことに、２０１６年（平成28年）９月９日に開催された「第５回放射線と健康についての福島国際専門家会議」では、今後は甲状腺検査の対象を縮小させるべきという意見が出されるなど、あまりにも政治的な発言が見られたという。こうした検診縮小推進論は、「福島県『県民健康調査』検討委員会」や福島県小児科医会でも唱えられはじめており、今後の放射線による健康障害実態が隠蔽されて行くのではないかという懸念が大きくなってきている。

これらの実態と動向を踏まえつつ、今後は、対象を福島県内の18歳以下の者に限定することなく、被ばく者全体を対象とした全国的な調査と経過観察を行い、適切な治療並びに経済的な支援を継続的に行って行くべく、厚労省を主体とした国による調査検討体制を整えて対応して行く必要がある。

2・3・2　縮められているかもしれない寿命～散発的事実から抱く印象と検証作業の必要性

本章の冒頭でも触れたように、いまだ疫学的検証の対象にはなってはいない原発事故由来の放射線に因る健康障害が原災地で広く静かに進行しているのではないかという恐怖感が筆者の脳裏から去らない。本当はこれが単なる個人的な杞憂に過ぎず、原子力ムラ利権集団が主張するように「フクシマは全く心配ない」ことを心底より願い、本当にそうであったならどんなに嬉しいことであろうかとも思う。しかし、誠に残念ながら小児甲状腺がんの多発見に代表されるように、福島県を中心とした原災地における健康障害問題は、これからも大きな問題となって行くことが心配される。事実、既にこれまでの5年余の間でも、身近な人々の思いがけない急死、早すぎる死、多発する心臓─脳─血管系疾患やがん、といった不幸を体験している被災者は少なくない。序章でも述べたように、筆者自身が被災4年目に上行結腸癌の手術を余儀なくされたことや、筆者の妻がやはり被災後4年目ににわかに徐脈性不整脈が発症し、心臓ペースメーカーの植え込み術を受けるという思いもよらない病に襲われた。これを厳密な科学的意味合いにおいて、初期被ばくとの関連は絶対にない、と断言することは果たして可能なのであろうか。原発近接地に住んでいてこのような病気を体験した被災者は誰しも、撒き散らされた放射能が関係しているのではないか？ という素朴な疑いを抱くのは極々当たり前の心性であろう。こうした個人的な体験に加え、事故後この1～5年以内の時期に、旧知の地元の方々から「身近な知人がにわかに亡くなってしまった驚き」を少なからざる頻度でお聞きすることが多かったことも重大で深刻な問題として記述しておくべき被災地で起きている具体的な事実である。

そこで筆者は、福島県において亡くなられた方の年齢別・地域別構成の推移を調べれば、原発事故による影響についてある程度のことが見えてくるのではないかと考えた。しかしそのための資料を入手することは現時点では困難であったので、その代替策として、地元紙である福島民友新聞の「お悔み」欄に掲載された県内死亡者情報を基にして、おおよその傾向を把握してみようと考えた。以下はその結果である。

福島県内の死亡者数等に関する検討結果
——２０１１年（平成23年）10月〜12月と２０１５年（平成27年）10月〜12月の比較——
（福島民友新聞に掲載された報道情報に基づいて筆者がまとめたもの）

図表—２-１、２-２は、事故があった年とその４年後の福島県内の死亡者数や死亡時年齢等に何らかの違いがあるかどうかを知りたいと思い、筆者が２０１１年（平成23年）の10月から12月までの３ケ月間と２０１５年（平成27年）の同じ期間の死亡者数を地元紙である福島民友新聞の「お悔やみ」欄から拾って作成したものである（津波による死亡者は除いてある）。

これはごくごく大まかな傾向を知り、何らかの示唆を得るために調べてみたもので、科学的検証に耐え得る統計資料では勿論ない。（正しい資料を作成するためには、行政が有する死亡関連資料に当たる必要があるが、それは筆者の力量を超える仕事である）

この資料から筆者が推測したことは、２０１１年は、２０１５年と比較して、

①２０１１年は死亡者総数がより多い。

②図表には示さなかったが、その傾向は会津地方と浜通り・中通り間で地域差があって、浜通り・中通り地方でより多い傾向にある。

③２０１１年は70歳台以下の、より若い年齢層の死亡者が多い傾向がある。（70歳台以下の死亡者数について見ると、２０１１年で38％、２０１５年で31％となる。図表には示さなかったが、特に須賀川市以南の県南地方では３カ月全てにわたってその傾向が明瞭である）

④参考として福島県における震災関連死者の年齢構成を見ると（図表―２‐５）、65歳以上の方が90％〜92％となっており、別の資料で調べた２０１１年の福島県内の全死亡者の年齢構成に比してより高齢の方の比率が高い傾向がある。これは２０１１年にあっては若年齢層の死亡者数が多い傾向があるという今回の筆者の調査結果を、震災関連死によって説明することはできないことを示している。

ことが伺われる。

もし、原発事故１年以内における福島県内の活動年齢層の死亡率が有意に高いということが正確な統計資料の裏付けを以って検証されるならば、それはいわゆる震災関連死として片づけることのできない、初期被ばくに起因する深刻な急性または亜急性の放射線障害の可能性があることを示唆することとなるのではないだろうか。

いずれにせよ、この結果は福島原発事故の年に、福島県内において40歳代、50歳代、60歳代の働き盛りの年代の方が俄かに倒れて非業の死を遂げたというニュースがしばしば報ぜられたという印象を数値的に裏付ける可能性を示唆するものであり、今後より詳細且つ正確な統計科学的検証がなされることを強く望むものである。

〈データのまとめ〉

福島県における２０１１年と２０１５年の３か月間の死亡者数と年齢構成比較

(1) 年代別の死亡者比率の比較

図表―2-1　各期の年代毎の死亡者実数と構成比

	2011年10月～12月	2015年10月～12月
～39歳	50名（1.2%）	38名（0.9%）
40歳代	61名（1.3%）	45名（1.0%）
50歳代	174名（3.8%）	140名（3.2%）
60歳代	445名（9.8%）	364名（8.3%）
70歳代	897名（21.9%）	761名（17.5%）
80歳代	1,728名（37.9%）	1,814名（41.6%）
90歳～	1,105名（24.3%）	1,196名（27.4%）
計	4,460名	4,358名

図表―2-2　各期の年代毎の死亡者実数の増減

	2011年10月～12月	2015年10月～12月	差
～39歳	50名	38名	−12名
40歳代	61名	45名	−16名
50歳代	174名	140名	−34名
60歳代	445名	364名	−81名
70歳代	897名	761名	−136名
80歳代	1,728名	1,814名	+86名
90歳～	1,105名	1,196名	+91名
計	4,460名	4,358名	−102名

図表－2-3　グラフ表示　(1) 年齢構成比での比較

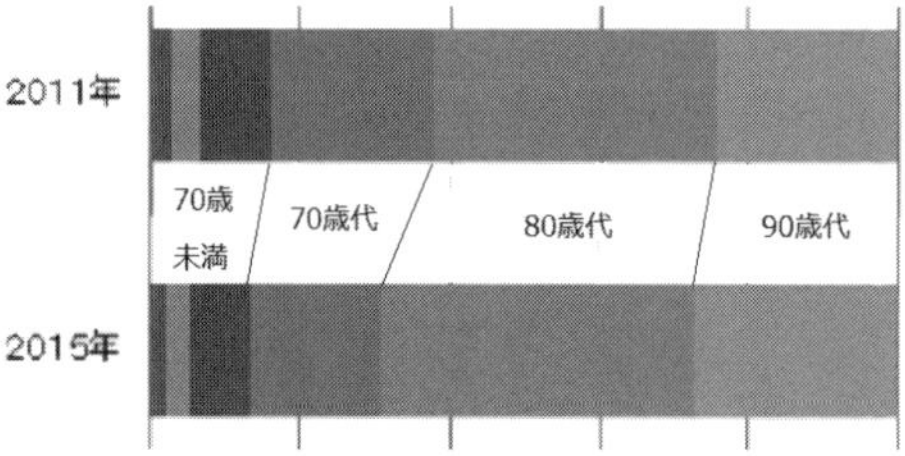

図表－2-4　グラフ表示 (2) 2015年を基準として見た場合の差

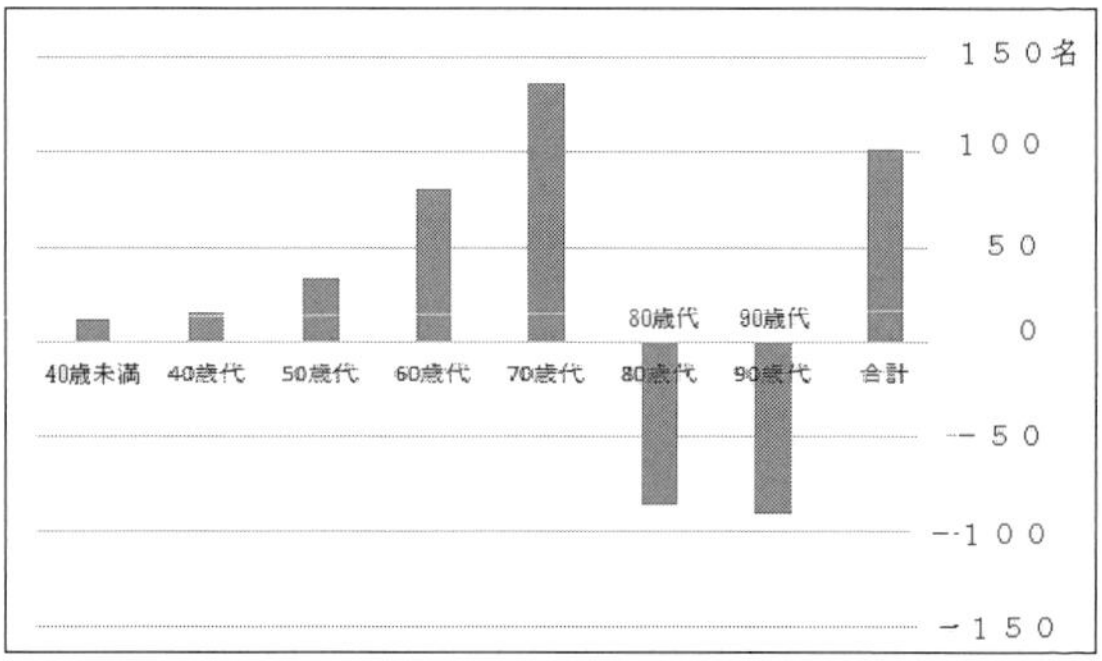

(2015年を基準として比較した実数)

図表－2-5　震災関連死者の年齢構成

	総数	20歳以下	21歳～65歳	66歳以上	66歳以上の比率
岩手県	459	1	59	399	87%
宮城県	920	2	118	800	87%
福島県	2,038	1	200	1,837	90%
(2012.3.31時点)	(761)	(0)	(61)	(700)	(92%)
合計	3,417	4	377	3,036	89%

(2016年3月31日現在　復興庁資料　より引用作成)

この作業を行ってみて、今後数十年にわたって福島県の全ての死亡者に関して、年度毎に年齢別、疾患別、地域別のデータを非被ばく地区との対比において詳細に検討して行くことが絶対に必要な作業であろうとの思いを新たにした次第である。

因みに、１９８６年（昭和61年）４月26日のチェルノブイリ原発事故による夥しい健康被害の実態については既に少なからざる報告があるが、筆者は下記の報告から多くを学ぶことができた。

＊馬場朝子、山内太郎：「低線量汚染地域からの報告」、ＮＨＫ出版、２０１２年

＊アレクセイ・V．ヤブロコフ他著／星川淳監訳／チェルノブイリ被害実態レポート翻訳チーム訳：「調査報告　チェルノブイリ被害の全貌」、岩波書店、２０１３年

さて、我が国では現在、「福島原発事故では初期の外部被ばく量もその後の飲食による内部被ばく量もチェルノブイリの場合に比して殆ど問題にならないくらい低線量だから、チェルノブイリのような健康障害は起こらない」というプロパガンダ[*3]が行きわたっていて表面上はあまり騒がれ

＊3　**プロパガンダ**　東電や国が事故の深刻さを隠し、被害をより小さく見せようとしていることは紛れもない事実であるが、福島県や原災地の各地方自治体も、被害の実態をありのまま詳細に公表することに対しては抵抗感が強い。漫画「美味しんぼ」に掲載された鼻血問題に対して、事実無根として必死でこれを否定したこれら行政側の一連の対応はその象徴的な出来事と言える。

そもそも福島県が主導し福島県立医大が中心となって進めてきた「福島県『県民健康調査』検討委員

てはいない。しかし、２０１６年（平成28年）１月に福島大学の筒井雄二教授らと東北大学吉田浩子講師らが行った母子の放射線不安に関する調査では、線量が高かった福島市と宮城県丸森町の母親の放射線による健康障害への有不安率はそうでない地域の倍以上の62％から70％の値を示したと報告しており、実は被災地住民の中に大きな不安が深く沈潜していることを改めて示している。

小児甲状腺がん以外の健康被害の問題については、事故後６年目に入った現時点ではまだ全ての健康障害について疫学的な手法を用いて原発事故との因果関連を統計的に示し得る段階には達していないが、福島県双葉町が事故後１年半という早い段階で岡山大学の津田敏秀教授、頼藤貴志准教授らのグループに調査を依頼し、２０１３年（平成25年）９月に「『低レベル放射線曝露と自覚症状・疾病罹患の関連に関する疫学調査――調査対象地域３町での比較と双葉町住民内での比較――』平成25年９月６日　低レベル放射線曝露と自覚症状・疾病罹患の関連に関する疫学調査プロジェクト班」としてまとめられた報告書がある。これによれば、体がだるい、頭痛、めまい、目のかすみ、鼻血、吐き気、疲れやすい等といった、いわば不定愁訴といわれるような症状群が統計学的有意差をもって滋賀県木之本町よりも双葉町と丸森町でより多かったことを示している。これらは旧来、原爆ぶらぶら病と言われてきた症状群と重なる部分もあるかもしれない。さらに狭心症・心筋梗塞、急性鼻咽頭炎（かぜ）、アレルギー性鼻炎、その他の消化器系の病気、その他の皮膚の病気、痛風、腰痛なども被災地で多かったと報告している。

また、医療問題研究会の小児科医師である林敬次氏は共著（医療問題研究会編著：「福島で進行する低線量・内部被ばく　甲状腺がん異常多発とこれからの広範な障害の増加を考える」耕文社　２０１５

年）の中で文献を引用して次のように述べている。

「（福島、茨城、岩手、宮城）では、福島第一原発事故以降の死産、流産、乳児死亡、周産期死亡率が事故から9ケ月後に優位に増加している。この9ケ月後というのはチェルノブイリの場合と同じである」「今後甲状腺がん以外にもさまざまな健康被害が明瞭になると考えられます……」と。

福島原発事故の風化が語られ、被災地への帰還と町の復興が声高に語られる中で、原発事故放射能による作業員や住民の健康障害の問題は極力小さく扱われ、意図的に無視されているように感じている。しかし実は6年目に入ったこれからがチェルノブイリで見られている様々な種類の

会」の目的を『原発事故に係る県民の不安の解消、長期にわたる県民の健康管理による安全・安心の確保』とし、最初の会議の次第で、『今回の福島第一原子力発電所事故による健康影響は極めて少ないと考えられる』と記していて、初めから予断と県民の不安解消という目論見を持って活動してきたことがうかがわれる。さらに、2011年（平成23年）9月には日本財団が主催して、福島県立医科大学で国際会議「放射線と健康リスク――世界の英知を結集して福島を考える」（後に、「放射線と健康についての福島国際専門家会議」と改称）を開催した。この会議のスピーカーはIAEA、ICRP、UNSCEARなど全て原子力ムラ利権集団に属する者で占められているが、福島県をはじめ関係行政機関は、「世界の権威が揃って『福島は安全である』というお墨付きを与えている」としてこれをプロパガンダに利用しているのが現実である。174名もの甲状腺がんとその疑い例が発症しているにもかかわらず、原発事故との因果関係は考えにくい、という公式見解を堅持し続けていることは、上から安全安心キャンペーンを浸透させようとするプロパガンダの典型例と言えよう。

放射線による健康障害が顕在化・増加してくる可能性が高いと見られる。その実数が果たしてどれ程の数になるのか、地域的にはどの範囲にどのような障害が現れて来るのかといったことを予測することは不可能であるが、筆者としてはそれらが正確に調査され、正しく公表され、社会的政治的圧力を受けずに真に科学的に検証されるとともに、福島県に留まらず東北から関東にかけての全ての被ばく住民の健康管理を継続的に行なって行くよう国に要求したい。そしてまたこうした地道で根気の要る取り組みが極めて重要であるということを被ばくした全ての人々が認識し、必要な行動を起こすべきである、と訴えたい。

2・3・3　健康障害は福島県に限局されるものではない

誠に奇妙なことであるが、福島原発事故による健康障害の問題への公的機関による取り組みは、福島県でのみ行われていてそれ以外の放射能汚染都県では全く行われていない。

国は賠償や除染、廃炉、帰還のためのインフラ整備等の問題に関しては財政出動を含めた一定の支援を行ってきたが、原発事故に起因する健康問題は原則的には生じない、とする立場を取っており（これが大きな問題なのであるが）、これまでは国としてこの問題に直接責任をもって取り組む意思は示していない。福島県が行っている県民健康調査検討委員会等に対しては指導や協力といった間接的対応であって、国が責任をもって主体的に取り組んでいる事業にはなっていない。

しかし、宮城県南部や栃木県、茨城県北部等の比較的線量が高かった地域では、地元自治体や住民が自主的に甲状腺検査を行っており、これまでにこれら周辺の県で計5名の小児甲状腺がんが発見されている。このことは、当然のことながら原発事故の放射線による健康障害は福島県にのみ限局したものではないことを事実をもって示したこととなる。

一方で、当然のことながら国は避難指示区域を設定して外部被ばくを低減させたり、生産食材や流通する食材等の放射線許容基準を定めたり出荷制限をかけたりして、内部被ばくを防ぐための対策をとっている。

にもかかわらず、国民の放射線による健康障害の実態を国の責任で全国的に調査しようとはせず、その業務を事故原発立地自治体たる福島県のみに任せて事足れりとしている現状は一体何なのであろうかという初歩的疑問を抱かざるを得ないのである。

予防と被害の実態把握及び医療福祉面での対策といった一体的対応が必要とされる国民の健康問題に対するこの姿勢は、国の責任という観点から見て明らかに矛盾しており、国は早急に理の通った説明と合理的整合性のある対策をとる義務があるものと思うのである。

放射性プルームが行政区域に従って流れて行く、などということがあり得ない以上、放射線による健康障害対策は少なくとも東北から関東にまたがるすべての放射能汚染地域をその対象として国の責任において進められるべきであることを改めて強調しておきたい。

2・3・4　講ずべき自衛策

国や都県の行政責任者が、事故発生当初から現在に至るまでの総放出放射線量や地域ごとの正確且つ詳細な線量に関する情報公開を一貫して秘匿している。加えて明らかに多発している小児甲状腺がんさえをも放射線が原因であるとは言えないとするような放射線と健康障害との因果関連を否定する、あまりにも政治的過ぎるこのような対応が貫徹される中で、それでは一体我々被ばく者はどうしたら自らの健康を守る事ができるのであろうか。

重要なことは、先ずは行政が発する公式見解を鵜呑みにしない慎重さが求められるということである。これまで述べてきたことから明らかなように、こと原子力関連事故に関しては世界のどの国も事実を隠蔽し、影響を過少に見積もって事態を乗り切ることにしているからである。さらに付け加えるならば、大手マスコミの報道もまた、政治的経済的な圧力というバイアスがかかっていて必ずしも正しい報道がなされているとは言い難い面が少なくないことも知っておく必要がある。原子力ムラ利権集団が政府や大手マスコミ経営首脳に対して政治献金や広告料等を通じて影響力を行使し、不都合な情報をコントロールしていることは紛れもない事実であるからである。

（参照：本間龍：「原発プロパガンダ」．岩波新書、２０１６）

その上で、先ずは自身を含めた自らの周囲の人々の死や身体不調に対して注意関心を持って生活して行くことが大事である。国や自治体から流される公式見解を鵜呑みにせず、自らの周辺の異変に気付くことは何よりも重要な出発点だからである。そして、気づいた異変を皆で共有して行く必要がある。人々が自然に感ずる「異変感」には相応の理由があることが少なくないからである。それが仕組まれた大本営発表を突き崩してゆく原動力になって行く筈である。

そして、より直接的な自衛策は、危険なものには近づかず、摂取もしないという行動原則を守る事である。放射線への被ばくは少なければ少ない方が良いに決まっているのであって、被ばくを推奨する論理は基本的におかしいと思わなければならない。

最後に、病気は早期発見早期治療に如くはない、ということを述べておきたい。特にがんに関してはこの鉄則に間違いはない。被ばくしてしまった（あるいは現在も被ばくし続けている）原発事故被災者は、何とか努力して健診と検診を受け続けて、放射線による健康障害を水際で食い止める闘いを継続して頂きたい。放射線障害の発生を未然に防ぐ手立てはない以上、残念ながら「がんへの防衛策」は早期発見早期治療しかないのが現状なのである。

第2章の補遺
放射線が及ぼす生体への影響の詳細についてはまだ未解明な部分の方が圧倒的に多い

ＵＮＳＣＥＡＲをはじめとする原子力ムラ利権集団が説く「１００ミリシーベルト以下の被曝では認むべき統計的に有意な健康被害は発生しない」というテーゼは、統計的疫学を悪用した一種のプロパガンダであると言わざるを得ない。

あらゆる生命体が有限な自己増殖と永続的な世代交代を担保するために備えているＤＮＡを基盤とする複製並びに遺伝機構は極めて精緻なメカニズムに支えられているが、全ての電磁波はこれに対してなにがしかの影響を与えることは既に明らかにされている。ましてや放射線による影響は例えば活性酸素の問題等、細胞体全体への影響をも含めて到底無視できない程大きな影響を与えることもまた科学的真実である。

従って、現時点で我々が言えることは「電離放射線による生体への影響は必ず存在する。それが遺伝子型のレベルや表現型のレベルで問題となり得る程に大きな影響が現れるか否かはスペクトラム的に見て行く必要があるのであって、臓器特異的ないし疾病特異的に現われるものではない」ということである。勿論、同じ量の線量に被ばくしてもそこには必ず個体差という要素が関与してくる。従って我々は、原発事故当時原災地に居て初期被ばくを含めて確実に被ばくした人々に現れてきている非特異的、前疾病的不健康状態も含めた様々な健康障害を、ストレスや生活習慣、あるいは加齢という既知の要因の所為にしてしまってこれを切り捨ててしまうことは実は誤りである、ということに気付くべきである。

これは古来より医学論の領域で議論されてきた全体論（生気論）と要素論（要素還元主義又は機械論）の課題にも連なるある種の哲学上のテーマでもあるが、ここでは、低線量放射線被ばく量と疾病の発生については、単純な一次関数的な数式で証明できるほど生体は単純にはできていないことのみを強調しておきたい。圧倒的高線量で生体が死滅することが一次関数的数式によって予測できることと、比較的弱い線量に長く晒された場合に生ずる影響はそれに随伴する生体防衛反応を考慮しなければならず、それらを含めて影響発生様態を予測することとは、それぞれ異なった尺度で論じなければならない、ということが生気論と機械論の論争主題にも通ずる相違点ではないかと思うのである。

第3章 福島原発事故被害者に対する損害賠償と救済の問題をめぐって

福島原発事故に対する賠償問題は極めて膨大且つ複雑であり、その実態を正確に把握し、その全貌を詳述することは殆ど不可能である。その理由は、これから記述して行く中で次第に明らかとなるであろうが、その最大の理由は原子力問題は当初から国家の治外法権的聖域に置かれているという不可解な宿命を背負っているからである。つまり、原発は営利を目的とした純粋な民間産業でもなければ純然たる国の治安防衛組織でもなく、原発の安全操業や原発事故への刑法／民法上の責任主体や行政機構面での責任がどこに存在しているのかも明定されていないのである。

現に福島原発事故では警察の捜査は受けてはいないし、いまだに誰も刑事責任をとってはいない。また民事上の不法行為としての賠償責任も問われておらず、住民への損害賠償は民法の特例法たる「原子力損害の賠償に関する法律（いわゆる原子力損害賠償法─以下、原賠法と略記）」の枠内での対応（賠償ではなくて補償）に留められたままである。これらの事実は、原発は単なる民間企業による発電装置の問題などではなく、仮に事故が起きたとしても原発を所有し、稼働させている企業に刑事責任を負わせたり、青天井の賠償責任を負わせて経営破綻させるようなことはしない、という国策が貫徹していることの証である。従って原発事故に対する完全な賠償を求めるならば、原賠法の問題と国家賠償の問題への取り組みを避けて通ることはできない、という認識に到達することとなる。

福島原発事故に遭った被害者に対する損害補償において、農林水産業を除く産業分野と個人への補償は、実質的に事故後まる7年後の２０１８年（平成30年）2月で全てが打ち切られようとしている。これに対して大多数の被害者は、到底納得できるものではないとの思いを強く抱いている。

これに対して直接の被害者ではない国民や被害者とは認定されていない被災者の中には、賠償に対するこうした被害者の要求を過剰なものと見なして批判的な意見を持つ人もいる。中には、故郷への帰還を諦めて止む無く遠く離れた市町村に家を新築すると、〝賠償御殿〟などと心ない雑言を浴びせられて地域との交流を避けるようになったり、あまりの辛さに再び別の地へ移住することを決断せざるを得ないというケースもある。後で触れる福島から他県に避難した子ども達がいじめに逢うという悲しい現実もこうした文脈で捉える必要がある。ここには被害者が分断させられ、被害者同士が反目させられ、地域が分断され、ややもすると被害者のほうが加害者よりも悪人扱いされかねないような誠に悲しい現実が起きている。このような主客が転倒した一部の現況は、加害者とも言うべき原子力ムラ利権集団の巧妙なプロパガンダと大手マスコミの報道姿勢の問題によって形成されている部分もあって、いずれも事実を把握せずして行われる一方的な非難である。

しかし、福島原発事故の損害賠償が、現在進められようとしているスキームとスケジュールで終結してしまうようであれば、被害者は到底救済されることはないし故郷の再生も達成することはできないであろう。そしてこれは今後の我が国の——そして世界の——原子力損害賠償のモデルのひとつになるのであろうから、本当は全ての国民にとって明日は我が身の問題となり得る重大テーマなのである。

福島原発事故が未曽有の一大人災であり、それによって引き起こされた被害内容と損害実態についてはいまだ十分には明らかにされてはいないのであるから、それへの損害賠償は損害の実態に応じてより慎重且つ長期にわたって取り組まれなければならない筈である。

確かに、原子力事故の被災による損害に対する賠償は広範且つ複雑である。一般の民事事案における被害者の受けた事故と損害・被害との因果関連の証明という手順を踏まなくとも、先ずは早急に被害に対する手当てを行い、可及的速やかに生活を再建するための金銭的補償が絶対的に必要であることは論を待たない。第三者が（現在の原子力損害賠償紛争審査会—以下、原賠審、と略記する—は純粋に第三者性を担保したものではなく、むしろ政府と言うべきであるが）暫定指針を作成して大まかな基準を作り、当面はそれに準拠して補償を進めるという現在の方式はその限りにおいては受け入れざるを得ない手順ではあったかもしれない。

しかしそれはあくまでも応急的・暫定的な対応策であって、より根本的な賠償は、何年続こうが損害実態に基づいて完全な補償を行うという真の意味での損害賠償を完遂することでなければならない。

現在行われている補償の基準となっているのは「原賠審」の中間指針であるが、これは１９９９年（平成11年）９月30日に起きた「東海村ＪＣＯ臨界事故」の際に組織された原賠審と原子力損害調査委員会が示した考え方と手順を踏襲したものであり、基本的には交通事故における損害賠償事例や公共用地の取得に伴う損失補償基準、あるいは傷病手当金の支給期間等の旧来の損害賠償事例や休業補償事例などを参考として組み立てられている中間的なものである。しかも、元々原賠審は被害者の意向が十分に反映されることはあり得ない閉じられた組織構造になっている。従って原子力災害特有の損害実態を完全に網羅した最終賠償指針とは程遠い暫定指針でしかないのである。にもかかわらず加害者である東京電力と事故責任者である国（直接の責任官庁は経済産業省資源エネルギー庁）はいま、暫定指針たるこの中間指針の要件さえをも満たそうとしないまま早々に補償を打ち切ろうとしているのである。

現在、全国各地で多くの原発被害者訴訟が起こされているのは、国や東電のこうした対応への重大な異議申し立てであり、蒙った全ての損害に対する完全賠償と今後の生活再建の保障を求める当然の要求を司法の場に訴え出たものである。

これまで原賠審が示してきた中間指針（第四次追補までをも含む）の基本概念は、主に政府が定めた避難指示に起因する損害への補償に関しての指針であって、地域崩壊や外部・内部被ばくに起因する健康障害（急性期から慢性続発性障害までをも含む）等の損害までをも含めた全ての損害への賠償を定めたものとはなっていない。つまり、先ずは避難を強いられた大量の避難者への類型化可能な補償を可及的速やかに実施することを最優先課題として定めたものである。

従って、政府が定めた避難指示基準や実際に行われた避難指示範囲が妥当なものであったか否かの判断・評価、避難指示されなかった年間追加被ばく線量が１ミリシーベルトを越える地域で生活することを余儀なくされた被災者への賠償等に関しては、まだ具体的な指針は何も示されてはいないのである。

従って筆者は、現在中間指針として示されているものはあくまでも暫定的なものであって、それ故にこそ中間指針という名称を付与しているのであって、将来的には、放射能に起因する全ての損害に対する真の賠償を定めた最終指針がまとめ上げられる筈であるし、そうあらねばならないものだと認識している。

本章では、こうした福島原発事故における損害賠償問題について、被害者の立場から詳しく論述してみたい。

3・1　損害〝賠償〟の現状

被災生活者であり、同時に被災事業者でもある筆者はいま、就労不能損害補償は４年で打ち切

図表―3-1　中間指針の概要

A　政府による避難等の指示等に係る損害	検査費用（人） 避難費用 一時立ち入り費用 帰宅費用 生命・身体的損害 精神的損害 営業損害 就労不能等に伴う損害 検査費用（物） 財物価値の喪失・減少等
B　航行危険区域等及び飛行禁止区域の設定に係る損害	営業損害 就労不能等に伴う損害
C　政府等による農林水産物等の出荷制限指示等に係る損害	営業損害 就労不能等に伴う損害 検査費用（物）
D　その他の政府指示等に係る損害	営業損害 就労不能等に伴う損害 検査費用（物）
E　風評被害 （農林漁業・食品産業、観光業、製造業、サービス業、輸出等）	営業損害 就労不能等に伴う損害 検査費用（物）
F　間接被害（第一次被害者との経済的関係を通じて第三者に生じた被害）	営業損害 就労不能等に伴う損害
G　放射線被曝による損害	急性、晩発性の放射線障害による生命・健康被害に伴う逸失利益、治療費、薬代、精神的損害等
H　その他	地方公共団体、国の財産的損害等

（除本理史著「原発賠償を問う　曖昧な責任、翻弄される避難者」岩波ブックレット No.866 2013年 より転載）

図表―3-2　中間指針の追補概要

中間指針追補 （2011年（平成23年）12月6日）	自主避難者（地域限定）に対する精神的損害（一回払いの見舞金程度のもの）
中間指針第二次追補 （2012年（平成24年）3月16日）	避難指示区域毎に異なる損害補償内容を明記
中間指針第三次追補 （2013年（平成25年）1月30日）	風評被害の損害を追加的に認める地域と業種（農林漁業・食品産業）を明記
中間指針第四次追補 （2013年（平成25年）12月26日）	避難指示の長期化等に係る損害（故郷喪失損害、住居確保損害等）

られてしまい、事業所の逸失利益補償も６年で打ち切られようとしている。そして筆者の事業所のある南相馬市小高区では避難指示が解除された２０１６年（平成28年）7月12日以降に地元に帰還した住民は事故前の８％程度にしかすぎず（２０１６年12月中旬時点）、事業を再開するために必要な医療スタッフも集められず、地域社会資源も全くない中で、元の場所で事業を再開する見通しは全く立てられない現状である。にもかかわらず東電と国は、事故後丸６年で全ての補償を打ち切ろうとしているのである。

原発事故について何らの瑕疵もない被災者に対する賠償問題を巡るこのような不条理がまかり通ろうとしているというこの国のこの現実を、すべての国民には是非とも正しく知って欲しいものと切に思う。

図表―３‐１は中間指針（２０１１年（平成23年）８月５日）の概要をまとめたものである。

この後、損害の内容と損害範囲の変化を踏まえて原賠審は４回にわたって中間指針追補を公表している。それぞれの主な内容について、筆者なりにまとめてみたのが図表―３‐２である。

避難指示区域に居住していた住民や事業者の大部分は、実質的に5年以上の生活や営業を奪われ続けている訳であるから、その間の休業補償を受け取る権利がある（加害者である国と東電にはそれを支払う義務がある）ということについては議論の余地は全くない筈である。個人に対する就労不能損害の支払いと事業者に対する逸失利益の補償は正にこの休業補償に相当するものであろう。

この失業や休業に追い込んだ加害者は、被害者が完全に元の経済生活や事業活動が復旧するまでは減少した金額分の休業補償を継続する法的義務がある。もう4年も過ぎたから（就労不能損害の打ち切り）、あるいは6年経ったから（営業損害の打ち切り予告）もう免罪されて良いという勝手な解釈など許されて良い筈はない。そんなことを許していたら、甚大な被害を与えてもその加害者は適当な時期がくれば免罪されることになってしまい、この国の法に基づいた社会秩序は無法状態に陥るだろう。だが、加害者である国や東電はそうしたことを目論んでいるとしか思えないほど不誠実に過ぎるのである。

従って、現在行われている東電と経済産業省（主には資源エネルギー庁）という加害者ないし事故責任者主導による補償、賠償の支払いスキームを認めることは絶対に許されることではない。国は改めて休業補償に相当する就労不能損害と事業者の営業損害に対する東電の補償責任期間について、明確に法的な裏付けに基づいた賠償スキームを創設し、東電に対して誠実にこれを実行することを指導して行く責任がある。

さらに、原発事故によって地域の環境は放射能で汚染され、地域社会は消滅ないし著しく毀損させられて元の社会生活や事業活動が復旧することは事実上不可能になってしまったのであるから、事故がなければ今後得られる筈であった様々な経済的利益を補償する責任も果たす義務がある筈である。これは、交通事故等における死亡または後遺障害時の「将来得べかりし利益の補償」に相当する概念と関連するものであろうが、この問題についてはこれまでの経過の中では論議された形跡は見当たらず、原子力損害賠償紛争解決センター（以下、原紛センターと略記）でもまともに対応されてはいない。個人に対して支払われている精神的損害や住居確保損害、故郷喪失慰謝料等を創設したのは、原賠審が元の地域社会生活が回復する見込みはないことを認めたものと解釈できる。だとすれば、「将来得べかりし利益の補償」に関しても指針に明記しなければ法的には論理的整合性と公平性を欠くことになるのではないだろうか。

また、原賠審の中間指針では、避難指示区域以外の地域における観光や販売不振を風評損害という項目で括って対応しているが、東海村ＪＣＯ臨界事故の際に提唱されたこの損害項目は、純粋に「（放射能汚染の）実態がなく、（健康被害をもたらす）根拠のない」文字通りの風評被害に対して用いられた損害項目であったものを、福島原発事故では「避難指示区域以外の（年間１ミリシーベルト以上の）地域における観光や販売不振も風評損害である」という暴論を適用している。明らかに放射能で汚染された地域で生産された食材が売れないことは、風評被害でも何でもないまさしく実害であるし、人々が放射能汚染地域にはあまり行きたくないと考えるのは当然である。

しかし原賠審は、日本政府が年間追加被ばく線量20ミリシーベルト以下の地域で生活することや１kg当たり１００ベクレル以下の食品を摂取することを認めて許可しているのであるからそれを消費者が忌避するのは風評被害ということになる、という驚くべき論理を採用しているのである。

このことは、原賠審の中間指針は政府の年間20ミリシーベルト避難基準や100ベクレル／kg食品基準（2011年は200ベクレル／kg）を損害の認定や賠償対象基準として用いているということであり、中間指針の基本構造は、実はこうした事故後に俄かに政府によって導入された暫定基準をベースにして構築されているものであることを明証している。

この他、緊急時避難準備区域、特定避難勧奨地点、避難指示解除準備区域、居住制限区域、帰還困難区域など、細切れに区分けされた避難指示区域それぞれに応じた物質的精神的賠償・補償基準が設定されて、住民相互とコミュニティー相互の反目・分断をもたらしたのである。

そして何よりも、現在の中間指針では元の故郷に戻って生活することができなくなった人々のこれからの人生を支えるための賠償の在り方や、今後顕在化してくる可能性が高い健康障害への賠償問題については、まだ具体的には何も触れられていないのである。

以下、これらについてさらに詳しく見て行くこととする。

3・1・1　個人に対する補償

個人に対する補償は複雑で分かり難い面が多いが、原則として政府による避難指示の対象地域に居住していた者に限られ、それ以外の放射能汚染地域の居住者に対しては見舞金支払い程度の極めて部分的な対応に限られた。しかも避難指示の対象地域も緊急時避難準備区域から帰還困難区域までの5つのパターンに分類されてそれぞれ異なる補償内容になっている。

このような政府による避難指示に基づく補償内容の類型化という指針は、年間追加被ばく線量

20ミリシーベルトを避難基準とすることを受け入れることを前提として構築されたものであって、これに納得できない住民にとっては到底受け入れ難い指針であって、この指針に基づく補償内容に同意することはできないのは当然のことである。補償内容は避難指示とリンクさせるという中間指針が持つこの基本原理は、当然のことながら避難指示が解除されれば補償はなくなるということを意味しており、被害実態や被害意識と補償内容との間に大きな乖離を生む原因となっている。つまり、原発事故被災住民の思いとしては、「年間追加被ばく線量1ミリシーベルトを超える違法な放射能汚染地域に住まわせられ、変質・崩壊してしまった地域社会に住み続けるか否かの決断を下すにもそれを支える経済的支援は何もない」という、一種の棄民のような状態に放置されているという意識を持ち続けているのである。

例えば、緊急時避難準備区域（20㎞〜30㎞）の南相馬市原町区に住み、地元に職場があった子供2人がいる30歳台共働き夫婦の場合、妻子を他県に避難させて夫のみが単身地元に残って仕事を続け、一人当たり月10万円の精神的損害補償（3人分で月30万円）と妻の就労不能損害補償と夫の収入で生活していたが、２０１２年（平成24年）8月で精神的損害補償が打ち切られてしまい、多くの不安を抱きながらも帰還を決断せざるを得ない、というケースがある。

このような家族は少なくない。あるいは勤めていた職場がなくなって、勤め先も失った場合でも、緊急時避難準備区域では２０１２年（平成24年）12月31日を以って就労不能損害補償も打ち切られたことから、新たな仕事を見つけられなければ、最悪の場合、早くも事故後2年足らずの時点で無収入になってしまうという恐怖に晒されることになったのである。

そもそも中間指針では、「就労不能損害と営業損害の終期は決められない」と明記してあるにも関わらず、国は「いつまでも補償が続くということは通常あり得ない」という理不尽で勝手な屁理屈を振りかざして、旧緊急時避難準備区域では1年9カ月で、避難指示が解除されないその他の地域に対しては、最大4年で休業補償たる就労不能損害補償を打ち切ることを東電と共謀して一方的に決定実施してしまったのである。

なお付言すれば、一人当たり月10万円の精神的損害補償というものの内実は、避難生活に伴う生活費用の増加分込みのものであって純粋な精神的損害に対する慰謝料そのものではない。

地元に戻ってよいと言われても、放射能汚染への不安があり、地域社会が大きく変質して事故前のような仕事の場がない中で、若い世代が家族共々元に戻って生活する道を選ぶことは罹病や死を覚悟するに近い大変な勇気の要る決断である。

現に、事故後半年後に避難指示が解除された緊急時避難準備区域では既に5年が経過しているが、元の人口が完全に回復しているところはなく、特に広野町は今なお5割前後の帰還率に留まっているという現状にある。また、全町一括解除されてまる1年が過ぎた楢葉町の帰還者数は641名で事故前の9・2％の帰還率に留まっており、その7割近くを60歳以上の高齢層が占めていると言う（2016年（平成28年）9月5日河北新報）。

また、かつての警戒区域においても、帰還できない被災者への就労不能損害は既に4年で打ち切られており、支払い期限が政治的に延長された精神的損害も事故7年後の2018年（平成30年）3月で終了となる。

一方、避難指示の対象地にならなかった地域で年間追加被ばく線量が1ミリシーベルト以上20ミリシーベルト以下の地域に住むことを余儀なくされた数百万人以上に上る地域住民は、年間追加被ばく線量1ミリシーベルト以下と法的に定められた他の非汚染地域に住む日本国民とは明らかに区別されている。これらの人々は、原子力緊急事態宣言下で、「現存被ばく状況」にあるとする加害責任者である政府の都合によって異常に高濃度汚染地域に住み続けさせられるという法的差別状況下に置かれている。しかも、何らの配慮も補償もなされていないという状況に置かれ続けているのが今日の我が国の実態なのである。

補償の対象から外された避難指示区域以外の近接地域の住民の持つ不満や不安、あるいは避難指示区域内であっても補償内容の相違に基づく地域住民間の反目や軋轢などは、上述したような加害責任者である政府、東電の対応にその主たる原因があるのであって、被災者の当然の補償、賠償要求をあたかも強欲であるかのように非難し、誹謗、中傷する言説は、自身が一度も被災者になった経験のない傍観者特有のためにする利敵行為でしかない。明日は我が身に降りかかるかもしれないことを想像さえしない思慮を欠く行為であると言わなければならない。

帰還困難区域の住民に対しては、故郷喪失慰謝料や住居確保損害補償などをも含めて最も手厚い補償を行ったとされるが、原発過酷事故被災地にあっては避難と移住によって地域コミュニティの変質・崩壊が起こり、生産年齢人口の極端な減少と超高齢化の進展によって、結局は地域消滅の畏れ（限界集落化）が増大して行くのであって、各種補償・賠償・支援の早期打ち切りは地域再生を促す道では断じてなく、被災者棄民への道であることを強く訴えたい。

本来、原発過酷事故における賠償問題は、帰還困難区域で実施されている程度の補償が本来あるべき最低限の水準であって、その他の地域で現在まで行われてきている補償は逆にあまりにも低すぎるのだという認識を持つべきである。

今後、原発事故賠償をめぐっては、「原発過酷事故に遭った個人への賠償とは、その個人が過去を清算し、新たな人生を歩むことができるようになるまで継続される物的並びに精神的支援総体を指す」ことと定義し、その中に「事故がなければ得べかりし利益の逸失分の補償と地域コミュニティ喪失による精神的損害への慰謝料支払い」という項目を含めてそれらを完全に履行することを法的に担保する政策を施行することが絶対に必要である。

そのためには、国の介入基準を年間1ミリシーベルト以上の地域とし、移住の権利を認め、子どもの範囲を胎児・子孫にまで広げたチェルノブイリ法の基本理念を参考にしながら、理念法たる「東京電力福島第一原子力発電所過酷事故対策基本法（仮称）」を定めることが是非とも必要ではないかと考えるのである。

3・1・2 事業者に対する補償〜筆者の事業所の場合

事業者に対する補償内容もまた極めて複雑多様であり、その全貌を正しく把握して論述する力量は筆者にはない。

ここでは筆者の病院が蒙った損害と、これまで受けた補償内容について、その概要を報告しながら事業者に対する賠償問題について考察してみる。

筆者が経営管理していた精神科病院は、東電福島第一原発から北北西に18㎞の位置にあった。２０１１年（平成23年）３月11日（金）の午後９時23分に半径３㎞圏内に発せられた避難指示は３月12日の宵に至って避難指示区域は半径２０㎞圏まで拡大され、当院もその圏内に含まれることとなって、１０４名の入院患者全員を緊急に避難移動させなければならなくなった。

避難経過の詳細は省くが全ての入院患者が病院から避難指示区域外へ脱出し終えたのが３月14日（月）の宵であった。その後、福島市、いわき市、南会津町、そして東京と避難移動しながら、最終的には３月18日（金）正午を以って全ての入院患者全員を無事各地の病院に転入院させて頂き、道中犠牲者を出すことなく何とか重大責務を果すことができた。

以降、２０１６年（平成28年）７月12日の避難指示解除準備区域が解除されるまでの５年４ヶ月の間休診を余儀なくされ、入院機能を有する病院の再開は不可能な状態を強いられ続けた。帰還率８％という現在の地域社会の壊滅的変質状況下で、避難指示が解除されたからといって直ちに元の場所で病院を再開できるはずはなく、今後の見通しも全く立たない状況に変わりはない。

こうした経過の中で、２０１３年（平成25年）度末に当院は、原発から50㎞程離れた浜通り北部に移転して入院医療を再開させる計画を構想したことがあった。

これは、事故前から当院が担ってきた役割を再開させ、新たに生じた被災地域のメンタルヘルス問題に関与・貢献し、職員の職場を維持しようとして企図したものであった。地元の自治体や医療関係者の理解と協力を得ることができたことから、県が策定した警戒区域等医療施設再開支援事業に基づく補助について県の担当課と話し合いを持ち、図面の作成と建築費用の見積もり作業を進めた。

しかしながら、２０１４年（平成26年）８月末になって県は予算不足を理由に平成26年度の補助額を大幅に減額する方針を伝えてきた。加えて、建築費の高騰という時勢のあおりを受けて当初の予定を大幅に超える自己資金が必要となってしまった。しかし、この時点ではまだ東電からの営業損害賠償の終期は決まってはおらず、損害賠償の全体像も未確定であったことから、着工・開設時期の見直しは必要だが計画を断念するまでには至っていなかった。

ところが２０１４年（平成26年）12月22日、経済産業省と東電は「今後の福島県内の商工業等に係る損害賠償等について（案）」を示し、商工業者への賠償は原則として２０１６年（平成28年）２月末を以って打ち切る、という驚くべき方針を表明した。避難解除もしない地域で、就労不能損害のみならず営業損害賠償までも原賠審の指針を無視する形で打ち切りを強行しようとしたのである。こうした国と東電の姿勢を目の当たりにして、当院は、営業損害の長期補償の可能性は乏しいことから運転資金を確保することは不可能であり、従って移転再開は困難と判断するに至った。

そして、これまで病院の再開に望みを託していた45名の在籍職員を２０１４年（平成26年）度末を以って解雇するという非情の決断を下すこととなった（国と東電はその後、県内関係者からの猛反対を受けて、営業損害の支払期限を１年延長する案を示したが、病院の移転再開を可能ならしめる内容のものでは全くない）。

以上が筆者の事業所が蒙った被害の概況である。

この原発過酷事故に起因する諸々の損害に対して、全く瑕疵はない我々被害事業者は以下のような賠償を請求する権利がある筈である。即ち、

1．原則的には東電は原状回復の責任を果たす義務があり、それを完遂することを求める

2．それができない場合は、

①病院が元の営業水準に回復するまでの期間、逸失利益を完全に補償し続けること。病院が再開できず廃院した場合は蒙った営業損害の全てを賠償し、さらにのれん代と将来の得べかりし利益も補償すること

②すべての財物損害について完全な賠償を行うこと

③経営者が蒙った精神的損害に対して慰謝料を支払うこと

しかし、2016年（平成28年）9月11日現在、筆者の病院が受け取ることができる補償は6年分の逸失利益の補塡と、建物の財物賠償が6年で全損となる筈のものが5年分として全体の65・3%のみが支払われるに過ぎない（事業所の財物補償の比率は年均等割りでなく、最後の1年分が1／6＝16・7%ではなく34・7%とされており、6年未満で避難指示解除を行えば加害者には大変有利な制度設計になっている）。

しかも、医療用ベッドや床頭台等を含む10万円以下の各種入院医療用備品の賠償（新たに買い揃えるためには総計で数千万円になる計算）は、総額わずか10万円しか認めない、止む無く一斉退職

させざるを得なかった45名の職員に対する退職金への補填も一切認めない、経営者への慰謝料は支払わないのが通例である、などと通告してきた。一体どちらが加害者であるのか、まるで主客が倒錯した理不尽な対応が、東電主導で一方的に進められてきているのが現状なのである。

私たちはこの間、事故後2カ月目には被災病院協議会を組織してこれまで東電と国に対して様々な要望・要請・要求を行ってきた（詳しい活動内容は、後掲の「社団法人福島県病院協会発行：東電原発事故被災病院協議会会議録」を参照されたい）。

そして２０１５年（平成27年）５月には、この協議会の総意に基づいて原紛センターに対して多項目にわたっての和解仲裁の申し立てを行った（２０１６年（平成28年）９月13日時点では最終的な決着はまだ得られていない）。

国や東電の中間指針さえをも無視したこうした理不尽な対応に対して、私たちは勿論のこと、他の業種・業界においても様々な要求活動が展開されてきた。しかし、現実の壁の打破はなかなか厳しく、東電への要求は受け入れられず、多くの零細事業者は事業の再建を断念し廃業に追い込まれていると聞く。

移転可能な製造業などの中堅企業や他県に本社がある企業等では廃業まで追い込まれることは少ないが、農林水産業や入院医療・福祉事業等の地域密着型の業種では原則として移転再開は困難である。放射能汚染が無害となり、地域住民が帰還して地域社会の再生が達成されない限り、事故前と同様の営業活動を維持することは不可能であり、賠償の継続は死活問題となっているのである。

にもかかわらず（と言うべきか、あるいはそれ故にというべきか）国は、事故後7年で全ての賠償を打ち切ろうとしており、事業継続と地域再生のために被災地域全体の既存の事業者を支援し続けるという政策も明示していない。

そうした中で新たに「福島・国際研究産業都市（イノベーション・コースト）構想」なる地域改変計画が策定された。国はこれによって福島県内の経済産業の振興を図るとして地元の不満を抑え込もうとしているように見えるが、福島第一原発を誘致したときの発想とまったく同じである。この構想は既存の事業者を支援し続ける政策ではなく、新たに廃炉関連企業を呼び込んでこの地域を一大廃炉関連産業基地（核廃棄物の最終処分場も含めた）へと変貌させるもので、元の地域社会の復興策ではない。

この政策が進められることによってこれまで代々続いてきた地域社会は消失し、その伝統と文化も失われ、それに取って代わって、この地域はロボット産業や素材研究基地と化して移住してきた新住民がコミュニティ（共同社会）ではなくソサイエティ（契約市民社会）を形成して暮らすようになる、というようなこれまでとは全く異なる別世界が出現して行くのではないだろうか。

特に農林水産業という海と大地に根を張っている産業は、その他の産業に比べて蒙る被害はより直接的かつ永続的である。また教育医療福祉といった業種もより地域密着度が強く移転再開も不可能な業態であることから、地域住民の帰還がなければその事業の存在意義もなくなってしまう。

従ってこれらの地域密着型業種にあっては、永続的な支援が必要不可欠であって、営業損害賠償の継続と国による支援がなければ事業の継続も地域の再生も不可能なのである。

付言すれば、医療機関の営業損害問題に関して、保健医療の監督官庁である厚労省はこれまで一切関与していない。内容はともかく、農林水産業の被害に関しては農林水産省が、商工業の被害に対しては経産省がコミットしているのとは好対照である。その理由について筆者は不明であるが、厚労省の原発問題に対するコミットはわずかに放射線被ばくに関連した労災認定の時くらいにしか表に出てこないというのはまことに不可思議なことである。

被災地の民間医療機関は、現在経営存続の危機に瀕しているが、東電は平成28年度を以って営業損害補償を打ち切ろうとしている。このままでは被災地の地域医療は崩壊する恐れが極めて大きいが、今のところ厚労省が前面に立ってこの問題に取り組む様子はなく、福島県の担当部課にも目立った動きは見られないのである。

3・1・3　支払われた補償金に対しては課税される

3・11後、東電からは原発事故により避難を余儀なくされた被災者に対する緊急対応として一定額の仮払いがなされたが、本格的な補償が開始されたのは中間指針が公表された後に、２０１１年（平成23年）８月30日付けで東電から公表された「福島第一原子力発電所および福島第二原子力発電所の事故による原子力損害への本補償に向けた取り組みについて」という文書の発行以降である。

当時は３カ月ごとの後払いという方式であったが、それでは今後の生活設計や事業計画が立てられないという被災者からの強い要求によって、２年半後の２０１３年（平成25年）９月以降は前倒しの包括請求方式による請求も可能になった。

こうした経過の中で、「賠償金から税金を取られるらしい」という被災者にとっては信じがたい情報が流れた。筆者も当初は、加害責任者である国がそんな理不尽な蛮行に走る筈はないと無邪気にも信じていたのだが、現実にはその「蛮行」がまかり通ったのである。

２０１２年（平成24年）11月20日付けで、東電は国税庁課税部長宛て「原子力発電所の事故により被害を受けた方々にお支払する『財物価値の喪失又は減少等』に対する賠償金の所得税法上の取り扱い等について（照会）」という文書照会を行っている。

その内容はタイトルとは異なり、財物賠償のみに限らず営業損害や就労不能損害をも含めたほぼ全ての補償対象に関する課税の有無及び課税期間等についても照会している。これに対して国税庁は東電の見解を全面的に認め、２０１２年（平成24年）11月30日付け国税庁としての課税方針を明らかにしている。

その課税の理由は当事者以外の方々には分かり難いと思われるが、要するに、「東電からの個人に対する就労不能損害賠償と事業者に対する逸失利益に対する補償は共に『収入』であるから、税の公平性を守るという観点からこれらに対しては所得税法に則って所得税を課す」としたのである。

この理由はあまりにも杓子定規であり、屁理屈である。私たち被災者は、原発過酷事故による被害／損害という災害特性を全く考慮しない冷血な官僚的判断を押し付けられている、という怒りに震えたものである。

第一、原発事故被災者が他の一般国民と等しく公平な税負担をなし得る条件下で生活できているると一体誰が認定したというのであろうか？　馬鹿も休み休みに言いたまえと怒鳴りたくなるのも無理はないではないか。

因みに筆者の場合、個人としては就労不能損害補償額の約1割強を所得税として徴収されたし、筆者の管理する病院は逸失利益補償額の約20％を法人所得税として納めさせられている。

生活の場と生業を根こそぎ奪われ、いつ帰還できるのかも分からず、事故が完全に終息する時期も分からず、事業が再開できる見通しも立たないという、いわば難民状態に置かれた被災者に支払われた補償金に対して、「平時の適法行為に起因する損害補償」と同質のものとみなして所得税を課すというのが国税庁の行政判断である。

こうした政府の非人間的な行政判断がまかり通ってしまうことを黙認するこの国の統治者の非情さに対して、激しい怒りと底知れない絶望感を抱かざるを得ないのである。

このような国の課税姿勢に対しては、当然のことながら、被災地から批判と非難の声が上り、様々な要求が行われた。その全てを記すことはできないが、以下に示す文書は、2013年（平成25年）4月に、旧警戒区域内にある3つの私的病院理事長から財務省及び国税庁宛てに提出された照会文書である（固有名詞は削除してある）が、ここには被災事業者が蒙った過酷な経営被害にさらなる追い打ちをかける課税問題の不条理と矛盾が告発されている。

平成25年４月19日

財務省　主税局
　　税制第三課長　様
国税庁　課税部
　　法人課税課長　様

「原子力損害の賠償に関する法律」に基づいて東京電力から逸失利益の補償という名目で支払われている賠償金の一部に対して法人所得税を課す根拠について（照会）

私達は、平成23年３月11日に発生した東日本大震災に同期して生じた東京電力福島第一原子力発電所の炉心貫通という過酷事故のため、国による避難指示によって現在に至るまで全ての医療福祉活動を停止させられており、一切の事業収入が絶たれております。しかも、私達が経営する医療福祉施設が存在する旧警戒区域にあってはこれまでの場所での事業再開への見通しが立たず、かといって避難指示区域外で新たに従前と同等の医療福祉活動を展開することは極めて困難であるか、あるいは事実上不可能であり、現実的には廃業の危機にさらされているのが現況であります。

このような被害状況の下で、私達はかねてより平成23年に福島県病院協会内に設置された東電原発事故被災病院協議会等を通じて、逸失利益の補償という名目で東京電力から支払われた賠償金の一部に対して法人所得税を課すことを回避するよう国に対して要求してきました。

しかし、遺憾ながら貴省庁はこうした私達被災者からの要求に耳を傾けることなく、全ての被災事業者に対して、補填された逸失利益は事業収入であるとしてこれに対して法人所得税を課す姿勢を変えておりません。

そこで旧警戒区域内で医療法人病院を経営する私達は、善良なる納税義務者としての責任を全うする上で是非とも必要な認識上の理解と納得を得るために、下記のような諸点に関して改めて貴省庁の公式見解を文書にてご回答いただきたく、ここに御照会申し上げる次第であります。つきましては、是非とも誠意あるご対応を頂きたく、何卒宜しくお願い申し上げます。

記

1. 原子力損害賠償として支払われた逸失利益に対する課税は行われるべきではない。

「原子力損害の賠償に関する法律」に基づく損害賠償は、原子力損害の特殊性に鑑み、民法に規定される一般の損害賠償とは異なる内容を含んでいるが、わけても特記すべきは、加害者が東京電力に加え、これへの監督責任を有する国にも加害責任があることが明確となっていることである。

そうした中で被害者に支払われた逸失利益に対して課税するということは、自らの加害責任を果たす為に支払った賠償金の一部を税という形で回収するという構図である。被害者に対する加害者のこのような行為は倫理道徳的には到底許されるものではないばかりか、可及的速やかな被害者の救済を目的とした「原子力損害の賠償に関する法律」の趣旨にも反するものである。

以上より、原発事故損害賠償においては、逸失利益に対する課税は許容されるものではないと考えるが如何か。

2. 原子力損害賠償として支払われた逸失利益を含む賠償金への課税をどのようにすべきかは、別途国会の審議等を経て決定すべきである。

この度の東京電力福島第一原子力発電所の過酷事故に起因する諸々の被害（避難指示による被害を含む）は我が国史上前例のないものであり、それ故にそれへの損害賠償のあり方やあるべき課税のあり方もまた前例がなく、行政が単に前例に従って処理して良い範疇を越えた異常な事態である。よって私達は、この課税問題もまた貴省庁が前例踏襲という行政判断で処理すべき課題ではなく、原発事故被害者の早期救済を進める観点から改めて広く国民の意見を聞き、より適切に対処すべき重要な現在的政治課題であると考えるものであるが如何か。

3. 事業を停止させられ、再開が見通せない事業体に現在支払われている賠償金は、最終的に支払われるべき損害賠償金総額の内の一部を仮払いしているものであって、逸失利益を補填する収入というものではない。

私達が経営する医療福祉施設は旧警戒区域にあって発災以来一切の収入がなく、更に今後の事業再開の可能性も極めて厳しい状況にある。この点は旧警戒区域以外にあって多少なりとも事業を再開させている他の被災病院とは決定的に異なるところである。

即ち、一部でも事業が再開できている場合は、本来得べかりし利益の補填を受けながら事業を継続しつついずれかの日には従前の事業水準に回復できるもの、という前提が成り立ち、現在支払われている逸失利益相当額の支払いは本来の賠償金ではなく補償金である、という説明がなされるのかも知れない。

しかし、私達の場合は一切の事業が行えないために必要経費の控除も殆どなく、帳簿上の利益が大きく膨らみ、課税対象額は事故前に比して格段に多額となる。加えて、上述した如く、逸失利益の補填という概念は、事業が継続できるという前提があってはじめて成り立つものであって、私達のように事業所を再起させ得る保障もなく、場合によっては廃業に追い込まれる可能性すら高い業務停止を余儀なくさせられている事業所に対しては、逸失利益を事業収入とみなして課税することはその前提条件が異なっているが故に本来実施されてはならない行為であると考える。換言すれば、事業停止中の私達には逸失利益の補償という損害賠償項目は存在し得ない筈のものである。

以上より、私達が現在逸失利益という名目で受け取っているものは、近い将来において最終確定するであろう損害賠償総額の内の一部を仮払いされているものであって、課税対象たる補償金とは異なるものであると考えるがそれでよろしいか。

以上。

この照会文書に対する担当官からの文書による公式な回答はこれまでなされていないが、県選出の国会議員の仲介で個別的な話し合いの場は持たれた。

筆者も財務省主税局の担当官と何度か交渉したが、結局のところ、「現行の所得税法に従っての判断であり、これを変えることは行政としてはできない。これを変更するためには新たな立法が必要である」として立法府による対応が必要であることを示唆する回答であった。その上で、事業者に対する課税に関して、災害特別勘定の方法を設定する等、税の支払い猶予の対応策について言及されることはあったが、新たな対応が可能であったとしても、たかだか「税の支払い猶予の対応策」くらいのことなのである。

避難指示が解除されない状況下では、こうした方法の有効性については何も明らかにされないまま、未だに暗鬱たる闇のなかに留まっているのが現況である。

個人の就労不能損害に対する所得税課税の問題については、組織だった全体的な反対運動までには発展しなかったが、就労不能損害が4年間で打ち切られ、その後の補償が一切なされないので、少しでも今後の生活費として蓄えようとしているものに対しても容赦なく課税されたのである。

このような仕打ちに遭った個々人の怒りと無念さは、ここに示した被災事業者のそれと何ら変わるものではない。ただ、残念ながら個々人は組織化されていないが故に、組織的な対応ができず、声を上げられなかっただけなのである。

福島原発事故による損害賠償問題をめぐるこのような課税問題に対しては、これまで様々な専門家の意見が出されている。

2013年（平成25年）7月15日、日弁連は「福島第一原子力発電所の事故により東京電力株式会社から支払われる損害賠償金の非課税立法に関する提言」を公表し、原発事故賠償金の特殊性を指摘した上で、これに対しては政策的に非課税とすべく特別の立法措置を講じる必要がある、と提言している。

さらに、2013年（平成25年）12月27日に岩手弁護士会は、「福島第一原子力発電所事故による損害賠償金の非課税化を求める要請書」を会長名で公表している。また、学問的批判としては、2014年（平成26年）11月に富山大学紀要、富大経済論集第60巻第2号抜刷に発表された伊藤嘉規氏の「『原発事故賠償金』と所得課税」が参考になる。

伊藤氏は論文中で、

「国税庁の判断に対しては、まるで実態を見ていないという批判がわきあがっている。たとえば、『逸失利益に対する賠償は、本来であれば課税対象となる収入に代わるものであるから課税』という論理は、逸失利益に対する賠償金という名目であっても、現実には生活費や運転資金、借入金の返済など生活再建や事業再建などの多様な目的のために充当されている。それは、賠償対象となる範囲の問題、賠償水準の低さ、支払いの遅さ、立証の難しさ、加えて、『そもそも被害が依然として収束しておらず、全体としての損害がはっきりしない』という問題がある。被害者としては、いま請求しているのはどこまでいっても被害の一部請求でしかなく、一定の名目を付けられた賠償がなされたところで、全体の損害のうちのどの部分に対する賠償なのかを現実には明確にすることができない、あるいは混在しているとしかいいようがない状態なのである」「こうした一連の問題が存在している結果、逸失利益に対する賠償金として支払われたとしても、それを額面どおりに扱うわけにはいかないのである。逸失利益に対する賠償金といっても、そこには精神的な損害に対するものや生活再建に対するものが含まれているのであって、生活や生業を戻す資金という性格を看過してはならないのである。国税庁の判断があまりに形式的というのは、こういう理由である」と述べ、「本来は原発事故による賠償金を逸失利益として課税する前に、生存権補償と財産的補償を一体とした賠償こそ求められている。課税に際し問題が生ずる大きな理由は、事故に対する損害賠償金の額が十分なものとなっていないのが大きい。事故の収束すら見通せない中で、損害賠償額の確定自体が不可能である。損害賠償金の支払いを受けても、税引き後の金額のみでは、生活再建や事業再生の資金として不十分であれば、経済的再建が困難になり、納税資金が足りなくなり、課税云々が問題とされることになる。それらの配慮を行うのは、まさに『政治』が行うべきものであり、従来行われていないのならともかく、口蹄疫という豚・牛等の家畜に対してさえなされているのにも拘わらず、人間に対して行われないとしたら、それは立法者が豚・牛等の家畜の方が人間より大切であると考えているだけである（立法者が怠慢なだけである）と評せよう」と結んでいる。

以上見てきたことから言えることは、就労不能損害や逸失利益への補償に対する所得税課税問題の本質は、財務省や国税庁の硬直した前例踏襲的徴税姿勢という問題もさることながら、より重要なことは原発過酷事故という特殊性を踏まえて特別立法を行なってでも被害者の生活／事業再建を図るという立法府の責任が全く果たされていない、という点である。これは現在進行形の問題であり、改めて今からでも立法作業に取り組んでも決して遅くはない問題なのである。

所得税課税という問題は、原発事故被災者の救済と支援にとって極めて重要な問題のひとつであることを改めてここに強調しておきたい。

3・1・4 加害者が示す表と裏の顔

加害者である東電はこれまで、自社のプレスリリースに「当社福島第一原子力発電所および福島第二原子力発電所の事故（以下、「当社事故」）により、発電所周辺地域の皆さまをはじめ、広く社会の皆さまに大変なご迷惑とご心配をおかけしておりますことを、改めて心よりお詫び申し上げます。」といった枕詞を掲げたり、下記のような「（損害賠償の）3つの誓い」を公表するなどして、表向きには誠意をもって最後の一人にまで誠実に賠償を行うかのような姿勢をアピールしている。

> 損害賠償の迅速かつ適切な実施のための方策（「3つの誓い」）
>
> 平成26年1月15日
> 東京電力株式会社

被害者の方々に早期に生活再建の第一歩を踏み出していいただくために、これまでの5つのお約束」を包含した、より明確な意思表明として、以下の「3つの誓い」を新たに掲げ、これまでの取り組みにとどまらず、各種取り組みを全社を挙げて実施してまいります。

1. 最後の一人まで賠償貫徹
- ２０１３年12月に成立した消滅時効特例法※の趣旨を踏まえるとともに、最後の一人が新しい生活を迎えることが出来るまで、被害者の方々に寄り添い賠償を貫徹

2. 迅速かつきめ細やかな賠償の徹底
- ご請求手続きが煩雑な事項の運用等を見直し、賠償金の早期お支払いをさらに加速（財物賠償の現地評価等）
- 被害者の方々や各自治体等に、賠償の進捗状況や今後の見通しについて機構とも連携し積極的に情報をお知らせ（生活再建や事業再開検討の参考にしていただく）
- 戸別訪問等により、請求書の作成や証憑類の提出を積極的にお手伝い

3. 和解仲介案の尊重
- 紛争審査会の指針の考え方を踏まえ、紛争審査会の下で和解仲介手続きを実施する機関である原子力損害賠償紛争解決センターから提示された和解仲介案を尊重するとともに、手続きの迅速化に引き続き取り組む

＊「東日本大震災における原子力発電所の事故により生じた原子力損害に係る早期かつ確実な賠償を実現するための措置及び当該原子力損害に係る賠償請求権の消滅時効等の特例に関する法律」

しかし現実には東電は、中間指針が求めている水準さえ満たさず、あたかも保険会社の査定のような一方的通告を行い、これに合意しなければ補償金は支払わないという対応を日常的に行なっているのである。〝看板に偽りあり〟をまさに地で行くような対応が恥も外聞もなく強行されているのである。

避難指示が解除されていない地域の就労不能損害や営業損害補償を早々に打ち切ったり、２０１４年（平成26年）３月に浪江町が主導した精神的損害の増額要求を認めた原紛センターが示した和解案を拒否し続けていることなどはその象徴とも言える。

東電がしばしば用いる常套句「あとは個別的に対応させて頂く」という持って回った言い分は、「あとは何も出ませんよ」というのと同義であることを私たち被害者は体験的に学習してしまったのである。

そして、加害責任者である国もまたこの間、東電を指導して被害者への補償、賠償はしっかりと行う、という政治的発言を繰り返してきた。しかしながら、前項で述べた補償金、賠償金への所得税課税に対する政府の不誠実な態度を見るにつけ、加害者としての責任を償う姿勢など微塵も感じられないのである。

２０１２年（平成24年）６月21日衆議院本会議で可決成立し、６月27日から施行された「原発事故子ども・被災者支援法」の施行に関する取組みは、今日に至るまで殆ど進展せず、主務官庁である復興庁は既存の政策を当てはめてお茶を濁すような対応で済ませている。杓子定規な法解釈や場当たり的な対応で被災者を愚弄する姿勢に対して被災者団体から批判されたことにも現れているように、国もまた言うこととやることの間に大きな乖離があるのは紛れもない事実である。さらに言えば、東電と経済産業省（とりわけ資源エネルギー庁）とはいわば身内関係のようであり、補償、賠償においても二人三脚で対応していることは前述したとおりである。

私たちはまことに無邪気にも、国が東電を指導してくれるという幻想を抱いて、国に泣きつけば何とかなるという淡い期待を持ってこれまで霞が関や永田町に向けて様々な要請活動を行ってきた。しかしながら２０１４年（平成26年）秋頃から（第２次安倍改造内閣当時）各省庁の対応が極めて事務的でおざなりなものに変質して、「これ以上のことはＡＤＲや裁判にかければ良いだろう」と言わんばかりのそっけない対応に変わってきたと感じるようになった。

筆者の体験として、事故後３年半余を経た２０１４年（平成26年）11月に、改めて被災病院協議会として経産省や文科省を直接訪れて要請活動を行ったが、その際に訪れた文科省の担当者から行政側のそうした変化を強く印象付けられるような腹立たしい応対を受けた消えない記憶がある。結局、補償、賠償問題において国も我々の味方ではなく、最後まで面倒を見てくれる訳ではない、という認識を改めて確認せざるを得なくなったのである。

大手マスコミでは、国や東電による国民向けの公式アナウンスのみが報道されていて、現実の補償、賠償の実態に関して掘り下げて報道されてはいないので、当事者ではない大多数の国民は、よほどこの問題に関心を持っていなければ東電や国の事実と実際を隠蔽した表向きの報道を信じて、被災者は十分な補償、賠償を受けているものと思い込んでいるに違いない。しかし、日本にある54基の原発の一つでもひとたび過酷事故を起こせば、被災者は上述してきたような対応を間違いなく受けることになる。そうしたことを全ての国民は是非ともよく知って頂きたいと思うのである。

3・2　原子力損害賠償に関する現行制度について

福島原発過酷事故は、東京電力福島第一原発周辺の地域社会を破壊し、十数万人の人々から居住地と生活を奪い、数百万から数千万の人々に対して仕事や家庭生活や健康面に対して何らかの被害を与えた極めて広範かつ持続的人災であり、我が国で起きた空前の産業災害である。

他人の権利ないし利益を違法に侵害する行為を不法行為と称し、加害者は被害者の損害を賠償しなければならない。これを法的に定めているのが民法709条であり、「故意または過失によって他人の権利又は法律上保護される利益を侵害した者は、これによって生じた損害を賠償する責任を負う」と規定されている。

この規定は過失責任主義と言われるもので、この法制度では加害者の意図的または過失によって引き起こされた損害であることを被害者が立証しなければ損害の賠償は得られない。つまり、不法行為という言葉そのものの中に賠償責任というものが初めから含意されている。逆に加害者に故意や過失がない場合は不法行為とは言わず、従って賠償責任もない、ということになる。例えば道路を造る際の土地収用が適法に行なわれる場合のように、適法行為の下で損害を被った場合は賠償ではなく補償という名称で損失補塡が行われる。

一方、科学技術の進展に伴って、交通事故や公害（水俣病など）等のように、多くの人々が被害者となる損害事件においては、加害者の過失責任を被害者が立証することは容易ではなく、民法７０９条を厳密に適用すると賠償責任を問えなくなってしまう事例が増えてきた。そうしたことから、被害者が加害者の故意または過失を立証できなくても加害者の賠償責任を問うことができ、加害者側が無過失を立証しなければ賠償義務が発生する、という「無過失責任主義」の考え方が導入されてきている。

製造物責任法や大気汚染防止法、水質汚濁防止法、国家賠償法、等々はそれを具体化した法律であって、無過失でも賠償責任がある場合があることを示す例である。

原発過酷事故がもたらした広範かつ深刻な被害は過失責任主義の立場に立って民法７０９条を適用して加害者に補償ではなく賠償を求めることが当たり前と考えるのが常識である。

あるいは、被害者の挙証責任を要件としない無過失責任主義の立場から見ても、東電福島第一原発事故は加害者の「故意又は過失」という違法行為によって引き起こされた事故であるから、これも補償ではなく賠償を求めることが当然である。

しかしながら原賠法は、このいずれの立場も採らず、生じた事故を違法行為によるものとは認定しないという驚くべき論理で構成されているのである。結論を先取りして言うならば、原賠法が持つこの特異な性質が私たち被害者が中途半端な補償で放り出され、棄民化させられている元凶となっているのである。

さて、それでは、東電福島第一原発事故によって蒙った未曾有の被害に対して、東電の加害者責任は何によって問われることになるのであろうか？

刑事責任としては未必の故意または業務上過失致傷罪に問われる可能性はあり、現に東京第5検察審査会は東京地検の2度にわたる不起訴判断を否定して2015年（平成27年）7月に起訴相当と議決し、東電の旧首脳3名が業務上過失致傷罪で起訴されて現在裁判が行われているのである。

民事責任としては、上述したように民法709条の過失責任が問われるのは当然であるし、仮にそれを法廷で回避したとしても無過失責任を免れることはできない――つまりは、いずれにしても法的賠償責任は免れない――はずであると考えるのが常識であろう。

しかし東電や国は、この間、こうした厳密な意味で賠償や補償という言葉を用いて対応してきてはいない。これまで営業損害賠償とか財物損害賠償等のように賠償という表現の下で行ってきた〝賠償〟は、実質的には〝補償〟であって、損害がある限り損害の実態に応じた補償を継続するという本来の賠償の形にはなっていないのが実態である。

つまり、東電原発事故による損害賠償は、民法709条の規定に基づく賠償も、無過失責任制度に立脚した完全賠償も、いずれも行われてはおらず、適法行為に起因する損害に対して行われる救済制度たる補償が行われているに過ぎない、と総括できるのである。

つまり、加害者である東電も事故責任者である国も、みずからの不法行為はないので賠償責任はなく、適法行為の中で生じた損害なのだから賠償ではなく補償を行っているのであり、その法的根拠となっているのは原子力損害賠償法である、ということにしているのである。

さらに東電と国は、損害賠償請求訴訟に対する反論として、「原子力損害賠償法は一般法である民法の特別法であり、特別法は一般法に優先するという法諺《ほうげん》がある」ことを主張してあくまでも原賠法に依拠した対応で乗り切ろうとしている。しかしそれでは、比類なき甚大な被害を与えた原発過酷事故が起きたという事実はあっても、その加害者の過失責任を問うことを阻却している原子力損害賠償法とは一体何なのであろうかという根源的疑問が生じるのである。

3・2・1　原子力損害賠償法

言うまでもなく、福島原発事故による損害に対する賠償問題の根拠となっている法は原賠法である。1961年（昭和36年）に制定されたこの「原子力損害の賠償に関する法律」（通称：原子力損害賠償法。本書では原賠法と略記）には、その第一条（目的）に「この法律は、原子炉の運転等により原子力損害が生じた場合における損害賠償に関する基本的制度を定め、もつて被害者の保護を図り、及び原子力事業の健全な発達に資することを目的とする」という矛盾する二つの目的が掲げられている。そもそも賠償関連の法律にその損害をもたらす可能性のある産業の健全な発展を促すことをもう一つの立法主旨として掲げること自体が矛盾であり、大きな違和感を覚えるのだが、このことがこの法律の持つ由々しき問題性を象徴的に表している。

法は6つの章、全26条から成り、これまで何度か改定されているが、賠償保険金額等の変更等が主で、チェルノブイリ原発事故後も条文そのものの大きな変更はなされていない。従って基本性格は制定以来変わっていない。

現行法が有している特徴は以下の4点にまとめられる。

第一番目の特徴は、原子力損害賠償責任については「無過失責任主義」を採用し、「無限賠償責任」を課している点である。これは法第3条第1項の「原子炉の運転等の際、当該原子炉の運転等により原子力損害を与えたときは、当該原子炉の運転等に係る原子力事業者がその損害を賠償する責めに任ずる。ただし、その損害が異常に巨大な天災地変又は社会的動乱によって生じたものであるときは、この限りではない。」という規定に表れている。

これは、引き起こした原子力損害が「異常に巨大な天災地変又は社会的動乱」に起因するものでない場合は、原子力事業者には過失があったのか否かの認定作業を経ずとも初めから賠償責任があり、しかもその賠償には上限はない（無限責任）としたものであって、損害を受けた被害者が挙証責任があるとする民法の過失責任主義原則よりは被害者にとってより補償、賠償を受けやすい規定になっているように見える。

しかし筆者から見れば、「原子力損害賠償法は一般法である民法の特別法であり、特別法は一般法に優先するという法諺がある」としてあくまでも原賠法の枠内で賠償問題を扱い切ろうとする東電と国の姿勢に対して、原発事故が加害者の「故意又は過失」によって引き起こされたものであるのか否かを問う厳密な法的裁定を求める被害者にとっては、完全賠償への道を閉ざす意図を持った特別法規定になっているのではないかと思えるのである。

第二番目の特徴は、「責任の集中原則」である。これは法第4条1項に「前条の場合においては、同条の規定により損害を賠償する責めに任ずべき原子力事業者以外の者は、その損害を賠償する責めに任じない。」とし、同条３項に「原子炉の運転等により生じた原子力損害については、商法（明治32年法律第48号）第７９８条第１項、船舶の所有者等の責任の制限に関する法律（昭和50年法律第94号）及び製造物責任法（平成６年法律第85号）の規定は、適用しない」と規定していて、原子力発電装置の製造者等には責任を求める事はせず、専ら運転者にのみ責任を集中させる、というものである。

これはまことに奇妙な条項と言わざるを得ない。例えば、交通事故や家電の発火事故などは全て運転者や購入利用者に責任があるのであって製造者の責任は一切問わないとするが如き驚くべき条文である。

この条項は、そもそもアメリカが作った原発を日本において稼働する際にアメリカのメーカーがつけた条件を条文化したものとされているが、最近、北九州市にある「日本鋳鍛鋼《ちゅうたんこう》」が製造した強度不足の疑いがある製品がフランスの原発に使われていたというフランス側の発表があって、国内でも同社が製造した13基の圧力容器の強度が問題視され、調査の対象にされるという報道があったが、製造者の責任を問わない原賠法がこのようなモラルハザードを引き起こし、事故に繋がる欠陥原発を製造し続けているかもしれないという、身も凍るような恐ろしい実態が安全神話の背後に隠されていた疑いが濃厚なのである。

第三番目の特徴は、「原子力事業者に対する免責」条項が存在していることである。法第３条１項但書に「……ただし、その損害が異常に巨大な天災地変又は社会的動乱によって生じたものであるときは、この限りではない。」とあるのがそれである。そして法第17条には「政府は、第3条第1項ただし書の場合又は第7条の2第2項の原子力損害で同項に規定する額をこえると認められるものが生じた場合において、被災者の救助及び被害の拡大の防止のため必要な措置を講ずるようにするものとする。」と規定して国による措置を定めている。

2011年（平成23年）5月13日の原子力発電所事故経済被害対応チーム関係閣僚会議は福島原発事故がこの免責条項に当てはまらないとしたが、他国からの攻撃やカルデラ噴火、隕石の落下等による過酷事故の発生時にはこの免責条項が当てはまり、国が一切の責任を持つ、ということになるが、一体どのような責任を持つというのであろうか。

超長期間にわたってグローバルな汚染をもたらすであろうこのような原発事故の責任など、いかなる組織もとり得る筈もないにもかかわらずこのような規定を掲げることは、原発必要論に対して他のいかなる不安要因をも凌駕する重要度を持たせていることの証左であり、原子力開発が単なる発電施設問題ではないことを裏書きしている。

第4番目の特徴として、第3番目の特徴と表裏の関係になるのだが、賠償については国の責任は免れないことが明記されている点である。これは、法第3条で事業者の無過失無限責任を謳ってはいるが、当該事業者の支払い能力を超えた場合の支援や「異常に巨大な天災地変又は社会的動乱」に起因する事故の場合の国の措置については、国にも対応責任がある事が明記されている（第16条及び第17条）。

勿論、国の責任はこの条項のみに起因するものではなく、許認可責任や監督責任などの原子力発電行政全般にわたる責任があるのは当然であって、福島原発事故を東電の無過失責任の範疇に押し込めて処理し、〝支援〟はするが自らの責任は無かったかの如く取り繕うとする国の姿勢は到底容認できるものではない。

しかも東電を潰さず守り続けるという政策選択は、単に賠償を支払い続けさせるためには潰せないという理由だけではなく、原発再稼働・輸出政策を堅持するためには何としても東電をはじめとする原発事業者総体を守り続けて行く必要があることを国是としていることの表れであろう。

以上見てきたように、原賠法には、事故直後の当面の被害補償、賠償業務の開始という面では若干の評価すべき点もあろうが、より根本的なところで決定的な欠陥問題があり、原子力事業を進めるためのポーズとして原賠法が利用されているのではないかという疑いを抱かざるを得ない。

しかも、日本が事業者やメーカーの負担をより軽減させる「原子力損害の補完的な補償に関する条約（ＣＳＣ）」を２０１５年に批准し発効させたことに伴い、内閣府の原子力委員会は原賠法の改定を目指して２０１５年（平成27年）５月に第１回原子力損害賠償制度専門部会を設置・開催した。

この専門部会は２０１６年（平成28年）９月までに13回の会議を開いているが、無限賠償責任制度を廃止して事業者が支払う賠償額の上限を決めようという、被害者保護よりも事業者保護の方向で法改定が準備されているため、原発事故被害者の救済はますます遠のき、逆に事業者の責任は軽くなって原発再稼働・輸出がより加速される危険性がさらに高まってきている状況にある。

3・2・2 原子力損害賠償紛争審査会と原子力損害賠償紛争解決センター

福島原発事故による損害に対する賠償の指針を作成するための原賠審は、事故直後の2011年（平成23年）4月15日に第1回審査会を開催した。以降これまで43回の会議を開催している（2016年（平成28年）9月5日現在）。

この間、第一次指針、第二次指針・同追補を順次策定し、同年8月5日に「中間指針」を発表した。その後、2013年（平成25年）12月26日までに中間指針第四次追補までを公表している。そして2016年（平成28年）4月には能見初代会長が退任して鎌田薫会長が就任しているが、ここ2年半以上は傍目からは特段の動きは見られていない。また、2011年（平成23年）8月には政令を改正して原賠審の和解仲介機能を強化するために、原賠審の中に「原子力損害賠償紛争解決センター」が設置された。

以来、原発事故被害者は蒙った損害について、

① 原賠審の指針に基づいて東電に直接請求する方法
② ①で納得できない場合は原紛センターへ和解仲介の申請をする方法
③ ①又は②と並行して、あるいは初めから裁判に訴える方法

のいずれかの方法（1つ又は複数の方法）によって賠償を請求してきた。しかし、これまで述べて

きたように、大部分の被災者は、この間に受けた補償には納得しておらず、国と東電の姿勢に対して強い不信感と大きな不満を抱いているのが現状である。その原因を考究して行くと、前節で述べたように、基本的には原賠法自体が持つ根本的欠陥に突き当たる訳であるが、原賠審並びに原紛センターにもいくつかの大きな問題が横たわっていることが次第に明らかになる。

（1）原子力損害賠償紛争審査会

制定後初めて原賠法が動き出したのは１９９９年（平成11年）９月30日に起きた東海村ＪＣＯ臨界事故に関連する賠償問題に対応するため、事故後約３週間後の同年10月22日に科学技術庁（当時）が「原子力損害賠償紛争審査会」を設置したのが最初である。

当時の原賠法では「原子力損害賠償紛争審査会」は損害賠償をめぐる当事者同士の和解の仲裁を目的とする機関として設置され、そのために必要な基本的考え方をまとめるための委託組織として「原子力損害調査委員会」を庁内に新設した。この「原子力損害調査委員会」は約半年後の２０００年（平成12年）３月に最終報告書を公表して解散している。

その後、２００９年（平成21年）に原賠法が改定されて、ＪＣＯ臨界事故の際の「原子力損害調査委員会」が果たした役割を原賠審に担わせる、という内容に変更された。

福島原発事故を受けて発足した現在の原子力損害賠償紛争審査会は、２００９年（平成21年）の原賠法の改定（第18条：和解の仲介及び当該紛争の当事者による自主的な解決に資する一般的な指針の策定に係る事務を行わせるため政令の定めるところにより、原子力損害賠償紛争審査会（以下この条において「審査会」という。）を置くことができる。）を受ける形で発足した。

従って現在の原賠審は、原子力損害の範囲に関する一般的な指針を策定することとなったことから、東海村ＪＣＯ臨界事故時のこの「原子力損害調査委員会」のような役割を担うこととなり、和解仲介のための実働組織として原子力損害賠償紛争解決センター（いわゆる原紛センター）を新たに設置するという組織編成を行っている。

しかし、原子力損害賠償についての基本認識や損害類型などに関してはこのＪＣＯ臨界事故の時の「原子力損害調査委員会最終報告書」を踏襲しており、ほぼこれをベースにして中間指針を作成しているようである。

しかし、東電福島原発事故はＩＮＥＳレベル４の東海村ＪＣＯ臨界事故事と比較した場合、その規模の大きさや事故継続期間、環境汚染や被ばく者数等の面で格段に被害は大きく、質的にも大きく異なるのであるから、この「原子力損害調査委員会最終報告書」をそのまま踏襲して指針を確定してしまうなどということは到底あり得ないことである。

従って今後は、被害の実態を網羅した最終賠償指針の策定に向け、現在の原賠審の下部組織のような形ででも新たに「福島原発事故損害調査委員会（仮称）」を設置して原発過酷事故固有の損害の実情を実地に調査検討し、新たに「原発過酷事故損害賠償総論」を確立して、被災者の実態に即した正しい認定基準と賠償基準を作成するための基礎を創出することが求められる。

さて、本章の冒頭部分で筆者は、「これまで原賠審が示してきた中間指針（第四次追補までをも含む）の基本概念は、主には政府が定めた避難指示に起因する損害への補償に関しての指針であって、地域崩壊や健康被害（急性期から慢性続発性障害までをも含む）等の放射性物質の降下に起因する全ての損害への賠償を定めたものとはなっていない。……（中略）……政府が定めた避難指示基準や実際に行われた避難指示範囲が真に妥当なものであったか否かや、年間追加被ばく線量が1ミリシーベルトを越える地域で生活することを余儀なくされた被災者への賠償等に関しては本当はまだ真の指針は示されてはいない……」と述べた。

事故後5年半を過ぎた現在、かつて警戒区域であった避難指示解除準備区域や居住制限区域において避難指示が次々と解除され、政府はまる6年で帰還困難区域以外の地域を全て解除しようとしている。こうなると、避難指示区域と連動して損害内容を規定してきた中間指針の下では、避難指示が解除された途端、もはや避難者ではなくなり、理論上は実害も存在しなくなる、という誠に奇妙なことになる。つまり、「帰還困難区域以外の地域における『実害』はなくなっていわゆる風評被害が残っているかどうかだけが問題として残る」とか、「避難指示が解除されても避難を続けているのは自主避難者ということになるので、従前からの旧自主避難者の問題と同じ質の問題として対応する」といった解釈に矮小化されてしまう恐れが大きい。そしてこのままでは、年間追加被ばく線量1ミリシーベルト以上の高濃度汚染地域に住むことを強いられる被災者や被災事業者に対する東電の実害補償義務は免除されてしまう恐れが大きいのである。

現実には避難指示が解除された旧警戒区域内の地域は勿論、旧緊急時避難準備区域や特定避難勧奨地点への住民の帰還は数パーセントから60パーセント台でしかなく、今後急速に元の地域社会が再生する見込みはない。住民のこうした行動は、国の定めた避難―帰還の基準が被災住民の思いに沿った適切なものではなく、いわば加害者側の論理で決定されたものであることを裏書きしている、とも言える。つまり、中間指針でカバーされる損害範囲をはるかに超える経済的並びに精神的実害が広範且つ長期に存続し続けているという実態があるのである。さらにこれに加えて、明らかになりつつある健康障害の問題に関しては中間指針では実質的には全くの手つかずの状態に留まっているのである。

今後、原賠審には、既に引き起こしてしまった賠償格差に起因する様々な分断を補修するとともに、こうした残された諸問題に対する適切かつ合理的な最終的指針を早急にまとめて欲しいものである。しかし原賠審は、被害者よりも加害事業者を重視する思想で貫かれている問題の多い原賠法を準拠法にしており、かつ被災者の心情や意向や希望が反映されることのない閉じられた国の行政組織体であることから、純粋な第三者性は担保されていない。従って、今後まとめられるであろう最終指針が被災者の損害実態に即応した賠償指針になり得るのか否かについては重大な関心を持って監視して行く必要がある。

（2）原子力損害賠償紛争解決センター

原紛センターは、原賠審の下部機関であって和解仲介の実働部隊としての役割を与えられた文部科学省に属する政府機関である。従って、原賠審の示した指針を遵守することは原紛センターの最低限の任務であるはずである。確かに被災者側の実態をよく把握し、中間指針の基準を上回るような画期的な裁定を下して本来の任務を十全に果たしているパートもある。しかしながら一方では、必ずしもそうとはなっていない裁定も散見される現実もある、というのが大方の見方である。

以下に記すのは、筆者が取り組んだ和解仲介の申し出に対する原紛センターの対応の顚末である。

1．筆者からの原子力損害賠償紛争解決センターへの和解仲介依頼の申し出

平成27年9月1日

原子力損害賠償紛争解決センター　様

申立人　○○○

申立人と東京電力株式会社の間には下記のとおりの紛争がありますので、和解の仲介をして下さい

記

1．紛争の問題点と話し合いの経過（略）

2．請求している賠償内容（略）

3. その他

中立人は東電に対して、平成27年7月8日付けで平成27年3月1日以降4カ月分の就労不能損害賠償金の請求を行いましたが、同年7月15日付けで支払いの対象にはならない旨の通知を受けました。

これを受けて申立人は、7月24日付けで別添のような質問書を東電に郵送しましたが文書による回答は得られなかったため、7月30日付けで再度文書による説明を求めたところ、8月10日付けで別添のような回答が送られてきました。

これを見ますと東電は、避難区域に事業所があって事業を再開させることができず、諸般の事情で就労も不可能な被害者であっても、平成27年3月1日以降に収入のある者〈取得額や取得先には言及しておらず、ただ収入がある者とのみ記載している〉は賠償の対象から外した、としています。

平成26年2月24日東電はプレスリリースの中で『(3) 賠償対象期間　平成26年3月1日から平成27年2月28日までの12ケ月を上限とさせて頂きます。＊上記期間後は今回のお取り扱いによらず、個別のやむを得ないご事情により就労が困難な状況にある方につきましては、個別のご事情に応じてお取り扱いさせていただきます。』と表明しておりますが、今にして思えばこの時点では個別事情によっては従来通りの賠償支払いもあり得るかのような抽象的な表現を用いて、スキーム全体について被害者から拒否されるのを回避しようとしていたのではなかったかと推測されます。今や東電は、恰も生活保護支給基準にも似た〈対象地区で働いていた者で、病気などで働けない等の理由で今なお収入がゼロの者〉のみが就労不能損害賠償の対象者であるという驚くべき基準を一方的に新設し、これを高圧的且つ強権的に被害者に押し付けて来ております。

申し述べるまでもなく、文部科学省の原子力損害賠償紛争審査会の中間指針並びに第二次追補においては、『〈就労不能損害の終期は〉基本的には対象者が従来と同じ又は同等の就労活動を営むことが可能となった日とすることが合理的である……』と述べ、補償すべき額は給与等の減収分と述べております。この度の東電の申立人に対する回答は、この指針から完全に逸脱しており、加害者が一方的に賠償を打ち切ることを通告したものであると考えます。

以上の理由から、申立人は当初、はじめの4カ月分の請求を行いましたがそれが全く受け入れられないことが判明した現時点では、基本的には事故前の就労環境が回復して当時の収入が得られるようになるまでの間の減収分の賠償を継続して支払うことを東京電力に求めます。今回は収入が減った期間を6カ月と記入しましたが、基本的には今後続くであろう就労不能状態に起因する減収分について、その全期間を通して完全に賠償するよう東電に求めるものであります。

以上。

請求開始から現在に至るまでの東京電力とのやりとりの中で提出し、受け取った文書類を継時的にまとめたものを添付致しましたのでご参考願います。

2．添付文書（東電に対する就労不能損害賠償の請求時に取り交わした文書類）

（添付文書1）：筆者から東電への賠償請求

平成27年7月8日東京電力株式会社　様

〇〇〇〇

（お申し出番号　××××××××）

平成27年3月1日以降の就労不能損害賠償金の請求について

私が請求して貴社から郵送されてきた『賠償金　ご請求書　個人さま用　ご請求番号：△△△△△△△△△△』は平成27年3月9日付けで受け取りましたが、その書式は従前のものとは異なっていて幾つかの不明な点があります。

第一点は、請求対象期間が明記されていないこと。

第二点は、提出すべき証明書類として、『平成27年2月28日時点で収入がないことを証明する書類』となっているが、これは正確には〈平成27年2月28日時点で新たな就業先がなく引き続き収入が減収していることを証明する書類〉と記すべきであろうこと。

上記のような点が不明であるため、請求書の（6／8）の最下段の〈ご提出いただく書類〉

の部分の「年金記録照会」画面コピーは何カ月分を送ればよいのかが分りません。また、事故前から在籍し現在も同一職場に在籍して減額された収入を得ていることを証明する書類（給与明細書）は今回は必要ないのかどうか。何よりも、何ケ月分づつ請求するのかが分りません。

以上のような疑問点を抱きつつも、避難指示も解除されず、従って事業も再開できないという原発事故に起因する被害状況が全く改善されていない中で、従前通り少なくとも3カ月毎に減収分の補償を請求することが至当と思われますが、今回は方式が分らなかったこともあって、従前通りの添付書類を4カ月分整えて一括請求することとしたものであります。

つきましては、上記の疑問点に対して文書でお答え頂くと共に、この度請求する4カ月分の減収額（□□□□□□□円）を支払うよう求めます。

以上。

（添付文書2）：添付文書（1）に対する東電からの回答

平成27年7月15日

○○○○　様

東京電力株式会社

<u>賠償金ご請求書に関するお知らせ</u>

弊社原子力発電所の事故により、大変なご迷惑とご心配をおかけしておりますことを深くお詫び申し上げます。

先般、ご提出いただきました就労不能損害の賠償金ご請求書につきまして、内容を確認させていただきましたところ、誠に恐縮ではございますが、お支払いの対象とはなりませんでした。何卒ご理解を賜りますようお願い申し上げます。

今回の賠償金のお支払いの対象となる方につきましては、裏面のとおりとなりますので、ご不明な点等がございましたら、下記のお問い合わせ先までご連絡くださいますよう、お願いいたします。

以　上

お問い合わせ先	東京電力株式会社　福島原子力補償相談室 電　話　／0120-996-709　受付時間　9:00～19:00　月～土（休祝日を除く）

3. 原子力損害賠償紛争解決センターからの回答

２８原解セ第１920号
平成２８年３月３０日

○○○○　様

原子力損害賠償紛争解決センター

和解仲介手続の終了について

下記１の和解仲介手続申立事件につきましては、仲介委員において慎重に検討した結果、下記２の理由により、和解仲介手続を打ち切ることになりました。

なお、これまでの主張を変更（請求の項目・対象を変えるなど）したり、新たな証拠を提示するなどした上で、再度申立てをすることもできますので、念のため申し添えます。

記

１　事件の表示
　事件番号　平成２７年（東）第３０７３号
　申 立 人　○○○○
　被申立人　東京電力株式会社

２　和解仲介手続を打ち切る理由
　本件申立てにつきまして慎重に検討しましたが、仲介委員において被申立人に賠償を促す事実上・法律上の根拠が十分得られず、これ以上和解仲介手続を継続することは困難であると判断しましたので、原子力損害賠償紛争審査会の組織等に関する政令第１１条第１項及び原子力損害賠償紛争解決センター和解仲介業務規程第３４条第１項第４号に基づき、和解仲介手続を打ち切ります。

本事案は、原賠審が中間指針で「就労不能損害の終期は決められない」と明記しているにもかかわらず、東電が一方的に4年でその支払いを打ち切ったことに対して、異議を申し立てた事例のひとつである、筆者の「和解仲介申し立て」に対して、原紛センターは加害者側である東電の主張を全面的に容認し、4年で打ち切られたことの不当性を主張した筆者の考え方を認めなかった事例である。

筆者が特に問題としたのは、就労不能損害補償を4年で打ち切るという通産省資源エネルギー庁の同意を得て下された東電の一方的決定は文科省の原賠審の中間指針を無視したものであり、同じ国の行政機関でありながら両機関の対応には明らかな齟齬があるのではないかという点と、東電が2014年（平成26年）2月に就労不能損害賠償の打ち切りを通告した時には「個別の事情によっては……お取り計らい……」と状況によっては支払い延長の可能性があるかの如く述べているので、その時は被害者は、「新規に就労先を見つけられない正当な理由があれば補償は継続されるのであろう」という認識を持って受け止めたのではないのか、という2点であった。しかしながら第一点目については原紛センターからの回答の中では全く触れられることはなかった。第2点目に関しては、東電は「避難を余儀なくされたことにより発病もしくは疾病が悪化し、就労が困難であることが確認できる場合」という条件を当初から設定していながらこれを公表せず、いわば含みを持たせた表現で被害者に幻想を持たせてスキームを認めさせるという一種の騙しの手法を用いていたことが明らかとなったと言えよう。加えてこの原紛センターの回答では、現在就労不能な疾患に罹患しておらず何らかの形でいくらかでも収入がある場合はそもそも就労不能損害賠償の対象にはなり得ないという、生活保護支給基準にも似た基本姿勢で対応していることが明らかになったのである。

このように筆者の場合は、結果から見れば原紛センターは自らの上部組織である原賠審の指針を踏まえず、原紛センター独自の判断で東電側の主張を是としてしまっているのである。結局、原発過酷事故による損害への完全賠償を求める被害者の立場からすれば、原賠審の指針も原紛センターもある程度までしか役割を果たして貰えないのだという失望感を抱かせられる結果となってしまったのである。

3・3　原子力損害賠償問題は一般法の適用が及ばない超法規的・治外法権的領域にある

前節で見てきたように、原子力損害賠償問題は、一般法である民法の適用を免れることができるとされる特別法たる原子力損害賠償法によって管理統括されている。ということは、原子力産業分野は他の産業領域とは次元が異なる国民の権利が及ばない特別な領域（治外法権的な一種の租界）として国家権力に守られている世界である、ということになる。

以下、原賠法といくつかの賠償関連諸法との関係性について若干の考察を試みてみる。

3・3・1　原賠法と国家賠償法

福島原発事故が「異常に巨大な天災地変又は社会的動乱に起因するものではない」と国が認め

たということは、事故は想定外の不可抗力な原因によって引き起こされたものではなく、事業者の責任の範囲内で起きたもの～人災～であることを国が認めた、ということである。にもかかわらず国は、特別法優先の法諺によって故意や過失による不法行為を問う民法７０９条の適用を免れるとされる原賠法にのみ依拠した賠償方針を頑なに堅持してきた。即ち国は、被害者に対して直接賠償を行うということはせず、原子力損害賠償支援機構という組織を新たに作って（２０１４年（平成26年）８月には原子力損害賠償・廃炉等支援機構と改称）そこを通して東電に賠償等の資金を貸し付けるという形を作っているのが現状である。

たしかに、原賠法第４条には「責任集中の原則」の規定があり、当該事業者以外の他のいかなる関係組織も関係者も賠償責任は負わないということを明定しているが、このことは、原発の設置・稼働・改修・安全対策等の面での国の許認可権や監督権がありながらも、自ら人災と認定した福島原発事故に関しては国の指示監督責任が問われることはないという矛盾を抱え持つ、ということになるのではないだろうか？

しかし、それではこの人災である福島原発事故を故意又は過失によって引き起こした責任者は一体誰であり、その人物はどのような責任を取るのか、そして被害者に対する真の賠償は誰によって完遂されるのか、といった根本問題が全く明らかにされることがないまま、原発賠償問題は収束させられてしまう恐れが大きい。

原賠法が完全な賠償を担保する法律ではないことが明らかとなった段階で、それならば東電に対する許認可権、監督権を有する国に対して、国家賠償法に基づく賠償を求める、という要求が出て来るのは極めて当然のことであろう。

日本国憲法は、国、公共団体の賠償責任に関してその第17条で「何人も、公務員の不法行為により、損害を受けたときは、法律の定めるところにより、国又は公共団体に、その賠償を求める事が出来る」と規定しており、国はその実施法律として国家賠償法を制定している。

国家賠償法は行政救済法のひとつで民法の特別法としての側面を持つが、その第1条に「国又は公共団体の公権力の行使に当る公務員が、その職務を行うについて、故意又は過失によって違法に他人に損害を加えたときは、国又は公共団体が、これを賠償する責に任ずる」と規定している。

福島原発事故当時、原子力発電所の設置・稼働・改修・安全対策に係る許認可や行政指導を担っていた責任行政官庁や機関がどこであったのかは必ず明らかにされる必要がある。また、津波対策や電源喪失対策、あるいは過酷事故時の周辺部の放射能汚染状況の把握や避難指示の発令と避難支援対策等の原発事故対策上の様々な局面で行政の不作為を含む多くの瑕疵があったことは覆うべくもない事実であるのに、いまだにそれは不問に付されたままである。これらに係る国や県の行政責任が全く問われないなどということは民間企業に籍を置く人間には到底理解することができないのであるが……。

原発事業者が民法の特別法たる原賠法によって守られているのと同様、行政もまた民法の特別法たる国家賠償法によって守られるというのであれば、憲法第17条は完全に無視されてしまう。国家賠償法も、憲法第17条の規定に反している（違憲立法）ということになれば、それは憲法第98条第1項（「この憲法は、国の最高法規であって、その条規に反する法律、命令、詔勅及び国務に関するその他の行為の全部又は一部は、その効力を有しない。」）に抵触する由々しき問題であり、現在行われている〝賠償〟は全て無効になってしまう程の重大事態に立ち至ることとなる。

この問題についてこれ以上論考を進める力量は筆者にはないが、是非とも法律の専門家に取り組んで頂きたい領域である。

3・3・2 民法との整合性

この問題については既に再三言及して来たので繰り返すことは避けるが、民法709条及び710条に基づいて慰謝料を請求する福島県住民の訴訟に対して、東電はJCO臨界事故訴訟における判例を持ち出して、原子力損害賠償は民法709条に基づいて請求することはできないと反論している。

東電が挙げる判例というのは、水戸地判平成20・2・27（判例時報2003号67頁）、東京高判平成21・5・14（判例時報2066号54頁）、最判平成22・5・13（判例集未登録も原審を維持して上告棄却）のことを指しているが、この判例が真に東電の主張の法的論拠となり得るかどうかは問題である、として闘われている（「生業を返せ、地域を返せ！」福島原発事故原状回復等請求事件等　準備書面（15）2013（平成25年）年12月17日より引用）。原賠法の持つ法的な位置の問題や加害者の賠償責任に関する曖昧性については前項で述べた通りであり、国家賠償法と民法や憲法との関連性とも絡めて徹底的に検証され、原子力災害に対する真の賠償制度が確立されて行くことを切に願うものである。

３・３・３　環境基本法と原賠法

誰しも、福島原発事故は史上最悪の産業公害ではないのか、という疑問を抱いている。この疑問を解こうとすれば、公害関連の法規である環境基本法を取り上げて検討する必要がある。

環境基本法は１９９３年（平成5年）に、公害対策基本法（１９６７年（昭和42年）制定）に代わる法律として成立した。

その後幾度かの改定がなされているが、福島原発事故によって「放射性物質汚染対処特別措置法（正式名称：平成二十三年三月十一日に発生した東北地方太平洋沖地震に伴う原子力発電所の事故により放出された放射性物質による環境の汚染への対処に関する特別措置法）」が制定された（２０１１年（平成23年）８月）ことや、２０１２年（平成24年）６月に原子力規制委員会設置法が制定されたことを受け、「環境法体系の下で放射性物質による環境の汚染の防止のための措置を行うことができることを明確に位置付けるため」として、２０１２年（平成24年）９月に、環境基本法第13条（（放射性物質による大気の汚染等の防止）放射性物質による大気の汚染、水質の汚濁及び土壌の汚染の防止のための措置については、原子力基本法（昭和三十年法律第百八十六号）その他の関係法律で定めるところによる。）を削除するという改定を行った。これに連動する形で大気汚染防止法等の個別の環境法からもこの適用除外規定が削除された。

放射性物質がこれら環境基本法をはじめとする環境関連諸法の対象とされることとなったことによって、福島原発事故後の除染の問題や環境モニタリングの実施責任者の問題等にどのような影響が出るのかについては、筆者にはまだ良く分からない。

環境基本法は第2条第3項において「この法律において『公害』とは、環境の保全上の支障のうち、事業活動その他の人の活動に伴って生ずる相当範囲にわたる大気の汚染、水質の汚濁（水質以外の水の状態又は水底の底質が悪化することを含む。第二十一条第一項第一号において同じ。）、土壌の汚染、騒音、振動、地盤の沈下（鉱物の掘採のための土地の掘削によるものを除く。以下同じ。）及び悪臭によって、人の健康又は生活環境（人の生活に密接な関係のある財産並びに人の生活に密接な関係のある動植物及びその生育環境を含む。以下同じ。）に係る被害が生ずることをいう。」と定義しているが、環境中への大量の放射性物質の漏洩拡散という深刻な事態を引き起こした福島原発事故は、間違いなくこの環境基本法が定義する「公害」に該当するのではなかろうか。とすれば、福島原発事故は我が国にとって前例のない最大最悪の核公害と認定されて然るべきではないかと思う。

環境基本法は責務規定として国の責務（第6条）、地方公共団体の責務（第7条）、事業者の責務（第8条）を定めており、法第31条には（公害に係る紛争の処理及び被害の救済）「国は、公害に係る紛争に関するあっせん、調停その他の措置を効果的に実施し、その他公害に係る紛争の円滑な処理を図るため、必要な措置を講じなければならない。2　国は、公害に係る被害の救済のための措置の円滑な実施を図るため、必要な措置を講じなければならない」との規定があり、国に公害紛争の処理、公害被害の救済の責務を課している。

環境基本法が規定する条項について以上のような認識を持つ時、少なくとも改正環境基本法の下では現在の放射能汚染を引き起こした東電は環境基本法によって何らかの裁きを受けてしかるべきではないか、そして被害者はその不法行為の結果蒙った公害としての損害の賠償を環境基本法に基づいて請求する権利が発生するのではないのか、という考え方も成り立つのではないかと思う。

環境基本法と原賠法、民法との間の厳密な関連性については筆者には不明な点が多く、これ以上の言及は控えることとするが、完全賠償を阻む原賠法の不備を補う他の手段を何とか見つけ出して、原発事故被災者に対する完全賠償の実現と完全な救済を一刻も早く実現させるべく、国は原発過酷事故を前例のない新たな産業公害と位置づけ、行政のみならず立法、司法の全ての国の機関を総動員して取り組むことを強く求めたい。

3・4　被災者の疎外状況〜見捨てられる「人間の復興」

原発過酷事故は地域住民と地域社会を物心両面から破壊した。そして十数万の人々の過去の伝統と文化を奪い、絆を奪い、そして描いていた未来を奪った。

加害者である東電と国の対応はこれらの奪われたものを取り戻すための最大限の努力を傾注することを怠り、年間追加被ばく線量20ミリシーベルトというにわか作りの基準を設定して避難指示区域を定め、それに連動する形で損害補償を算定した。この結果、地域共同社会は分断させられ、強力に進めようとしている帰還優先主義が世代間の絆を切断している。さらに、物理的復旧を最優先し、早期に賠償を打ち切ろうとする政策が〝今直ぐには帰還できない〟人たちを切り捨てた。また、実態を覆い隠す〝風評被害〟なる似非《えせ》概念が被災者と消費者を苦しめていることに目をつむり、「リスクコミュニケーション」とか「福島エートス運動」、「安全安心キャンペーン」で乗り切ろうとする行政に翻弄され続ける被災生産者を生み、生産者と消費者を対立させている。

お金に換算できる物的賠償はまだまだ十分ではなく、引き続き完全賠償の実現に向けて現行賠償方式は抜本的に見直されなければならないことは既述して来たとおりであるが、これと同時に、被災者の恢復（リカバリー）のためには被ばく以来長年にわたって留め置かれている特有な心理的逼塞状況から解放されることが必要不可欠な条件である。

この物心両面にわたる恢復の見通しが得られて初めて真の救済がなされた、と言えるようになるのであろう。

3・4・1　物理的復興に偏った「創造的復興」思想の陥穽

3・11の激震と巨大津波被害からの復旧復興問題を語るときに、色々な場面で「創造的復興」という言葉が用いられた。これが特に強調され、しばしば取り上げられたのが宮城県であった。原発事故被災が中心の福島県では先ずは避難からの早期帰還と基礎自治体の存続というテーマが初期段階の主題となっていたので、「創造的復興」というタームはあまり多用されて来なかったかもしれない。

そもそもこの「創造的復興」なる考え方は、１９９５年（平成7年）1月17日に起きた阪神淡路大震災の際に提唱されたものであった。そこに込められた理念は、「単に発災前の状態に復旧させるのではなく、前々から計画されていたが住民の反対等で実施できなかった経済産業振興に繋がる各種事業をこの際一気に完成させてしまって今後の活力ある地域社会を作り出すためのインフラ整備を整える」という、大企業誘致を念頭においた物理的復興政策に主眼を置いたものであった、とされる。

この考え方は、「惨事便乗型資本主義」と呼ばれ、人々が大惨事後のショック状態や茫然自失状態から自分を取り戻して社会生活を復興させる前に、市場原理主義を導入して、経済改革や利益追求を成し遂げようとする火事場泥棒的な思想であり、２００７年にカナダのジャーナリストであるナオミ・クラインが著書「ショックドクトリン――惨事便乗型資本主義の正体を暴く」の中で示した思想である。

従って、「創造的復興」という考え方は、専ら大企業優先の物的復興を優先するものであって、庶民や中小零細企業の生活や生業の再生とか、そこで培われてきた伝統や文化、絆の再生等に主たる力点を置く復興計画ではない。この「創造的復興」の掛け声を以って取り組まれてきた神戸の地域社会の復興事業は、震災20年後を経た今、全国平均に比しても人口の減少率、失業率及び非正規雇用率がいずれもより高く、地域社会のマイナス方向への変容変質という否定的な結果が出ているとされる。大地震と巨大津波、そして原発過酷事故という巨大複合大災害に見舞われた地域に住む者にとっては、２０２０年開催を招致した東京オリンピックも、このショックドクトリンのひとつと言って良いのではないかと思っている人は決して少なくない筈である。

本来復興事業とは、大災害以前の日常生活を取り戻し、地域社会との繋がりを再生し、生業と世代再生が営まれる穏やかで永続性のある暮らしが戻ることこそを最優先課題として取り組まれなければならない筈である。そのためには産業界主導の立案ではなく、元々の地域住民の意向に軸足を置いた使い勝手の良い補助制度を確立しながら堅実に作業を進めて行く必要があって、予算ありきで上から強引に地域改変をもたらすインフラ整備をごり押しするようなことは、逆に被災地のこころの復興－人間の復興を押しのけて行くこととなり、長い目で見た時に、結局は創造的復興という目標は達成されなくなることが懸念される。

これを原発事故被災地に当てはめるならば、先ずは加害者は被害者全員に対して慰謝料を含めた完全賠償を行うことなどを含めて被災者を慰撫し、再生への意欲を取り戻してもらうよう加害責任を完遂することであり、帰還した人と帰還しない（できない）人とを差別せずに損害が継続する限りは支援を継続すること、イノベーションコースト構想をはじめとする地域産業再生計画の策定には住民を参画させること、地域づくり町づくりに住民が主体的に関わることができるような体制を作ること等が必要であろう。

気がついたら産業・企業関係の人達ばかりの町に変わってしまっていた、企業が去ってゴーストタウンになってしまった、という悲劇に見舞われることの無いように、被災者主体のしっかりとした復興再生計画を立てることが肝要であろう。

3・4・2 求められる原発事故被害固有の特性を踏まえた被害者救済制度

４基もの原発が同時期に事故を起こし、そのうち少なくとも３基の原発が炉心溶融を起こした福島第一原発事故に由来する数百種とも言われる核物質はどれほどの量がどの範囲にばら撒かれ、私たちはそれらの核物質によってどの程度の外部被ばくと内部被ばくを受けたのかは、本当のところは誰にも分からないし、国際原子力機関や日本政府が発表する公式見解をそのまま信ずることなど到底できないことを体験的に知っている。そして原発事故被害者の多くは、公に言葉に表すことを強く押しとどめさせる内的な動因によって、不安や心配を口にすることを自らに禁じながら、無理に楽観的に考え、明るく前向きに生きて行こうと自らに言い聞かせて日々を生きている。このライフスタイルは、そのことだけでも大変なストレス状態を生むことは言うまでもない。

言語化して公に表現することを強く押しとどめさせる内的動因とは次のようなことであろう。即ち、

①責任を有する筈の国や県は放射線障害は全く心配ないかの如く喧伝しているが、現に体調に異変を感じたり何らかの病気が現れたり、持病が悪化していることを自身が体験したり、知人の急死や心臓血管系及び脳血管性の病気やがんなどによる訃報が多くなっているという体験を通して、これからの自分や家族、親せきや友人知人の健康問題への心配や、これから生まれて来る子供たちの健康問題を心配する気持ちが胸の奥深い所に重苦しい塊となって沈潜しているのである。

この不気味で恐ろしい不安は、口にしたところで解決につながるものでもないし、無闇

に人を不安がらせてしまいはしないかという配慮もあって、よほど気の許せる相手や場所以外で吐露されることはない。

②事故後2、3年目頃からは福島復興の掛け声の下で、除染の徹底、インフラの整備、事業再開、帰還促進、風評被害払拭、農林水産業の再生等々が声高に唱えられていく中で、放射能汚染と健康障害の問題は意図的とも思えるほど小さく扱われ始め、今や殆どのメディアはこの路線を支持しているかの如き論調である。

こうした大政翼賛会的状況の中で、筆者のような考えを地元で主張し続けるのは容易ではない。場合によっては復興に掉さす反県民という烙印を押されかねない。何よりも難しくさせているのは、「その疾病と原発事故との因果関係の立証」が難しく、訴えても認められない公算が大きいので初めから泣き寝入りの心境に支配されてしまうからである。

現に厚労省は、総被ばく線量年間5ミリシーベルトで被ばく開始後1年以上経過して発病した白血病について労災の認定を行っていながら、他方では、「白血病の労災認定基準は、年間5ミリシーベルト以上の放射線被ばくをすれば発症するという境界を表すものではなく、労災認定されたことをもって、科学的に被ばくと健康影響の因果関係が証明されたものではない」とわざわざ注釈をつけていて、一般住民の放射線による健康障害の訴訟問題に事前に歯止めをかけるような姿勢を表明している。

このような、ひっそりとして鬱屈した原発事故被災者の心理は、水俣病をはじめとする公害被害者にも共通する面がある一方、自分たちの居住地が、場合によっては数万年にも及ぶ放射能汚染地域であり続けることによって、自身のみならず子々孫々にまで健康障害が伝搬して行くのではないかという原子力災害特有の恐怖がさらなる心理的圧力をかけ続けているのである。

国は物理的復興のみに注力して事足れりとするのではなく、原子力災害の持つこのような「地域の未来を永遠に閉ざしてしまう恐れが大きい」という特性を考慮して、被害者に対して心からの謝罪と慰謝料支払いによる慰撫、そして将来への様々な不安への物的並びに精神的支援を継続して行かなければならない。そして原子力政策全般においては絶対に事故は起こさないという完璧な対策を講ずることが最低限の責務であって、努力はするがそれを百パーセントの完全性をもって実施し続けると確約することはできないというのであれば、国は早急に原発政策を終結させる旨を被害者と全国民に確約する責任がある筈である。

3・4・3　県外に避難した子ども達に対するいじめの問題

原発問題に関して福島の子ども達には何らの責任もないことは自明のことである。にもかかわらず、福島の子ども達は何重もの苦難を強いられている。

被ばくリスクへの不安という直接的被害に加えて、避難によってそれまでの生活の全てを奪われるという根こそぎ（喪失）体験と避難先での生活に適応する上での様々な労苦が子ども達に降りかかっている。原発事故さえなければ必要なかったこうした不安や苦労を否応なしに体験させられているのが原災地福島の子ども達なのである。

現に、福島県では事故当時18歳未満であった子どもの中からこれまでに174名もの甲状腺がん（含む、その疑い例）が発症している。この子供たちとその家族の思いはいかばかりかと本当に可哀そうになる。この無辜の子供たち一人一人の未来を思うと、原発事故を引き起こした東電や国に対して抑えようのない怒りに襲われる。

これだけでも大変な悲劇であるのに、今度は2016年（平成28年）11月になって、福島県から横浜市に〝自主〟避難していた現在中学生の男子生徒が、小学4年生頃から、一時は死を考えたこともあるというほど深刻ないじめを受けていたことが報道された。そしてこの報道を機に、東京都、川崎市、新潟県等でも類似のいじめがあったことが報じられ、これは氷山の一角でしかない、と報道された。

この問題を巡って原発被害者訴訟原告団全国連絡会は、2016年（平成28年）12月22日声明を発表し、「報道された原発避難者の子どもに対するいじめは氷山の一角」であり、「子どものみならず、大人の世界でも、心ない仕打ちや嫌がらせという事態が続いている」のが実情で「福島県民と分かると差別されるので、出身地を言えない」などと事態の深刻さを指摘している。そして同連絡会事務局長は「特定のいじめの犯人探しをするのではなく、いじめの背景にある原発被害者の実態を知って理解を深めてほしい」「子どもだけではなく、被害者全体に対する差別、いじめが起きていると捉えてほしい」と訴えている。

この福島から避難している子ども達に対するいじめは、我が国全体が以前から抱え持っていた虐待やいじめの増加という構造的問題がその根底にあったがために生じたものと考えられる。学校におけるいじめ問題が自死者までをも出してしまうほど深刻化してきてからずいぶん時間が経った。２０１１年（平成23年）10月の「大津市中２いじめ自殺事件」が契機となって２０１３年（平成25年）６月28日に与野党の議員立法によって「いじめ防止対策推進法」が制定された。しかし、その後もいじめが原因と推定される生徒の自死事件は各地で起きており、２０１２年に法務局が発表したいじめに関するデータでは、２００９年の１・８５倍に増加している。これが何に起因しているかを考察することは極めて重要な課題であるが、ここではそれへの言及は控えておきたい。

子ども同士のいじめ自体は、時代や地域を越えて存在するが、集団同調主義傾向が強い日本では、いじめられた時の反応が「自分が悪いからいじめられる」と自罰的になると言われる。これは個人主義の強い欧米に見られるいじめた相手に対して攻撃的となる他罰傾向とは逆である。福島の原発事故避難者は、それでなくても大きく傷つき、疲弊し、絶望の淵に立たされてやっとの思いで避難生活を送っている。当然子ども達も大人達のそうした心性を敏感に感じ取り、明るく元気潑剌な子供らしい気持ちや行動で生活することは難しい状況に置かれることとなろう。いわば弱り切ったはぐれ渡り鳥のような弱者に追い込まれてしまっているのである。そうした姿は、残念ながらフラストレーションをため込んでいる避難先の地域社会では格好の攻撃対象となり、スケープゴートとされ易いのであろう。

これらに対して既存の体制を動かして迅速に対応して行く必要があることは勿論であるが、福島からの避難者に対するいじめ問題に対してはそれだけでは不十分であると思われる。原災地の現況や避難者が貶められているこうした心理状況とその悲劇性、理不尽な賠償問題や福島にとどまらない広大な地域の放射能汚染問題等々、東電原発問題に関する諸々の状況を正確に伝え、福島県からの避難者への悪口やいじめなどといった不当な人権侵犯を改めさせ、国と東電に対して完全賠償と誠実な対応を求めて行く社会的な取り組みが必要である。福島原発問題をめぐる大人達の無知、偏見、妬み等が、避難先の学校の子ども達が福島から来た子をいじめることにつながる大きな要因になっている、ということに全ての大人達は気づかなければならない。

被災者／被害者に向けられるこうした不当な人権侵犯を防止し、避難者も帰還者もその人らしくそれぞれの地域で希望を持って前向きに生きて行けるように支援することこそが、真の復興政策であろう。

3・4・4　あるべき復興の姿——原発依存からの脱却と地域循環型社会の創出

我が国のエネルギー政策の根幹と位置付けられてきた核燃料サイクル政策は、２０１６年（平成28年）12月までには「高速増殖炉もんじゅ」の廃炉を決める可能性が濃厚となる中で大きな障壁に突き当たっている。そうした中で経産省は、フランス等と共同して「高速炉」を開発・稼働させる中で「プルトニウムの処理」を果たして行くので核燃料サイクル計画は存続させる、というスタンスを維持している。しかしこれは、走り出した政策は止められないという、戦前の我が国が犯した過ちを再び繰り返しかねない重大な失政となる可能性が大である。

基本的には完璧に制御することなど不可能な核エネルギーを産業と国防の基盤として最優先の

順位を与えるという政策は、経済成長至上主義の途上国が選択する重厚長大型産業社会のモデルであり、少子高齢型の成熟社会に達してしまった我が国においてはもはや適合しなくなっているというべきであろう。

国民の意識において、ただやみくもにお金と物を追い求めて他のメンタリティーは不要なもの、という価値観はもはや時代遅れのものとなっている。大量生産、大量消費、圧倒的富の寡占という新自由主義的、市場原理主義的資本主義が終焉を迎えつつある21世紀の現代にあって、地球環境を破壊せず、持続可能な社会を創造するためにはどうすればよいのかを立ち止まって深く考究する必要がある時代なのであって、単に金融政策によって見かけ上の経済成長さえすれば全てが上手く行くと考えるのは、時代錯誤の幻想である、と断ずるべきではないかと思う。

来るべき望ましい社会とは、環境を維持し、人々の共生・協働が社会の基本構造となっている持続可能で穏やかな域内循環・域内完結型社会である、ということになるのではないだろうか。そのためには国際金融資本や巨大国際企業の猛攻から人々の暮らしを守る政策が必要となるであろうし、産業の基本政策面ではグローバル企業の誘致などではなく、地域内資源の発掘と利用、付加価値の創造といった地域内産業の創出といったものに最優先価値を置く社会・経済政策が選ばれて行くこととなろう。

原発再稼働を進めてほしいと訴える立地自治体の人たちは、原発以外に地域経済を潤す手立てがないと考えていることが原発再稼働賛成の理由なのである。他に地域産業や地域文化を活性化させる手段を新たに見出すことが出来て、地域社会が維持、存続し続けられるのであれば、原子カムラ利権集団とは無縁な人たちは、敢えて原発－核燃料再処理施設を誘致する必然性は無くなる筈である。

だが、いったん原発が出来てしまった段階では、その地域社会のイメージを払拭するのは並大抵なことではない。観光産業を新たに起業するにしても、農林漁業を振興するにしても、製造業や先端的なＩＴ産業を誘致するにしても、原発にまつわる放射能被ばくの負のイメージや実害を無化することはできないのが現実である。

資本主義社会の成長神話の終焉に直面し、資本主義経済体制そのものの存続に疑問が提起されている21世紀初頭の現在、わずか40年しか使えないのに、それを何万倍も上回る数十万年という超長期間にわたって安全管理をしなくてはならない核燃料廃棄物を後世に残す原子力発電所は、どのような角度から見ても絶対に廃絶させなければならないし、廃絶しても日本人は生きて行ける筈である。

我が国の数千年に及ぶ有史の中で、原発が登場したのは僅か約50年前の１９６５年（昭和40年）５月に商用稼働開始した東海村原発が初めてである。

人類はこの地球上で他の生物と共生しながら数万年から数十万年の歴史を歩んできたが、僅か60～70年そこそこの間に後戻りできない環境汚染を引き起こしてしまった。人間の欲望と自由の観念がもたらした傲慢さは到底許されることではないし、またこれを止められないということはない。

原子力開発と生命操作は、悪魔の囁きに誘惑された人間が頭脳のなかで考えた結果であるが、先人から受け継がれた叡智もまた頭脳のなかに蓄積されて連綿と生きながらえている。現代の為政者や産業人はよくよく考えて、人類に課せられた歴史的課題に応えてほしいものである。

第3章の補遺
現在の原子力損害賠償制度が有する基本的問題と本来のあるべき姿

内閣法制局のホームページに、東電原発事故そのものに直接関連して平成23年以降に新たに制定された法律名が掲載されているので以下に抽出転記してみる。

- ２０１１年（平成23年）

8月5日　「平成二十三年原子力事故による被害に係る緊急措置に関する法律」
8月10日　「原子力損害賠償（・廃炉等）支援機構法」
8月12日　「東日本大震災における原子力発電所の事故による災害に対処するための避難住民に係る事務処理の特例および住所移転者に係る措置に関する法律」
8月30日　「平成二十三年三月十一日に発生した東北地方太平洋沖地震に伴う原子力発電所の事故により放出された放射性物質による環境の汚染への対処に関する特別措置法」
10月7日　「東京電力福島原子力発電所事故調査委員会法」

● 2012年（平成24年）

3月31日「福島復興再生特別措置法」

6月27日「原子力規制委員会設置法」

6月27日「東京電力原子力事故により被災した子どもをはじめとする住民等の生活を守り支えるための被災者の生活支援等に関する施策の推進に関する法律」

（2012年12月政権交代）

● 2013年（平成25年）

6月5日「東日本大震災に係る原子力損害賠償紛争についての原子力損害賠償紛争審査会による和解仲介手続の利用に係る時効の中断の特例に関する法律」

6月21日「放射性物質による環境の汚染の防止のための関係法律の整備に関する法律」

12月11日「東日本大震災における原子力発電所の事故により生じた原子力損害に係る早期かつ確実な賠償を実現するための措置及び当該原子力損害に係る賠償請求権の消滅時効等の特例に関する法律」

● 2014年（平成26年）

11月28日「原子力損害の補完的な補償に関する条約の実施に伴う原子力損害賠償資金の補助等に関する法律」

11月28日「原子力損害の賠償に関する法律及び原子力損害賠償補償契約に関する法律の一部を改正する法律」

以上、ざっと見ただけでも13本の法律が新たに制定されている。内容は、仮払補償金や東電への賠償資金の融資といった金銭的なことに関するものから、除染や復興支援に関するもの、さらには原発稼働審査制度に関するものなど、現場から上がってくる様々な課題に対して、差し当たりの対処を迫られて立法措置を急いだという事情が見えて来る。自らが捏造した安全神話に自らが捉えられていて原発過酷事故対応など全く考えていなかった官僚機構が、いわば泥縄式の対応の中で作った法律だったと言えるのではないだろうか。

この中で特筆されるべきは「原発事故子ども・被災者支援法」であろう。この法律は当時、党派を超えた「子ども・被災者支援法議員連盟」が中心となって議員立法させた理念法（プログラム法）である。この法律には、事故を起こした加害者や加害責任者である国の刑事又は民事上の法的責任に関する条項はなく、損害賠償法としての性格は弱いが、支援の対象となる地域を広く認め、長期にわたる健康被害防止と保健活動支援の必要性を強調し、被災住民に対する広範且つ長期の支援の必要性を掲げていることは、原発過酷事故がもたらす広範且つ長期の災厄を見据えた全体的な展望をもって法制化されたことが伺える。事実、制定当時は被災者からは大きな期待を持って迎えられた。しかし、残念ながらその後は殆ど新規の施策は打ち出されず、責任官庁の復興庁をはじめ国の行政の不作為によってほとんど見るべき成果が上がっていないばかりか、本法の理念を無視して、次々と支援を打ち切るような行政対応が続いているのが現状である。

これまでの記述の中で筆者は、原子力過酷事故被害の特性とそれへの損害賠償の在り方を考究して新たに「原発過酷事故損害賠償総論」を構築する必要性を主張してきた。そして、それを踏まえて、改めて「東京電力福島第一原子力発電所過酷事故対策基本法(仮称)」を制定する必要性がある、と述べて来た。

事故発生から既に6年近くが経とうとしており、世上では福島原発問題は恰も過去の事であったかのような空気が支配的となってしまっている。公共放送たるNHKが最も責任が重いが、最近マスメディアが取り上げるのは東京都知事選から東京オリンピック開催問題、経済政策の問題等を中心とした日常的な話題が報道の大半を占めていて、その陰に隠れるようにして原子力規制委員会による新規制基準適合性審査をクリアした原発を次々に再稼働させるという動きが本格化してきている。このような、原発事故問題に対する総括抜きの対処行動は、「歴史から原則的なことを何一つ学ばずに流れて行く」この国の困った特性の表れとも言えるかもしれないが、ことは国内だけの問題に留まらない国際的な被害をもたらす核惨事なのであるから、こうした内向きの対応は許されない筈である。

放射線に因る健康被害の問題について見ても、初期被ばく状況の実態把握作業が意図的に放棄され、尿検査や血液検査を含めた精密検査による内部被ばく状況の実態把握作業も意図的に放棄され、残留放射能による汚染状況の詳細な把握や持続的被ばく状況の実態把握が十分になされず、地上１ｍの位置の空間線量率が３・８マイクロシーベルト／時（年間追加被ばく線量 単純換算33・288ミリシーベルト）という高い線量下の環境にすべての年齢層の住民を住まわせ続けて来たことによる健康被害の実態把握の放棄等々、世界水準の科学技術を持つとされるこの国がやっていることとは到底思えない杜撰な対応しかしていない。原発事故被災地に住んでいた多くの人達の間に深く静かに浸透しつつある「原発事故関連疾患の疑い例」の年毎の増加は、被災者に対して大きな不安と恐怖を与え続けているのである。

さらに、賠償問題について言えば、与えた損害に対する「原状回復」という原理原則的な賠償姿勢を回避して合法的な行為に基づく損害対応である補償という形でお茶を濁してしまおうとする東電と自公連立政権・安倍内閣の狡猾さが、被災者の明日への希望を奪い続けている。

このような経過と現状を踏まえる時、全ての東電原発事故被災者は、これまでいわば泥縄式に個々バラバラに採られてきた特措法的対応を総括し、「原発事故子ども・被災者支援法」の理念をベースにして、福島原発事故への包括的賠償と国による抜本的救済策を盛り込んだ「東京電力福島第一原子力発電所過酷事故対策基本法（仮称）」を事故後５年以上が経過したこの時点において新たに制定し、この世界に例のない核惨事に改めて真正面から向き合うことを国として内外に宣言するよう要求して行く必要があるのではないだろうか。

第4章 すべての皆さんにお伝えしたいこと～まとめに代えて

福島原発事故はいまだ進行中であって未だに事故終息という相には全くない。

2016年（平成28年）3月11日、世上では、東日本大震災から5年を経て復興活動は新たなステージを迎えた、と喧伝されているが、原発事故では原則的にはそうした区切りはできない。

その理由の第一は放射能で汚染された環境が元通りに戻ってはいないという点であり、未だに放射性物質が空気中に、土壌に、海洋に流されている現実があるからである。第二の理由は小児甲状腺がんの多発見にみるように、事故による健康被害が日々新たに発生し続けている可能性が高く、それが収束する時期は見通せないからである。第三の理由は、何よりもメルトダウン／メルトスルーした3基の原発の核燃料を未だに大量の水をかけて冷却し続けている――即ち炉心はまだ安全な状態に達してはいない――という事実である。

従って原発事故は未だ完全には収束しておらず、現実的には今後数十年、数百年の単位で対応して行かなければならない進行中の事故であることを示している。勿論、原理的にはひとたび環境中にばら撒かれてしまった数百種と言われる各種放射性物質が完全に消失することは永遠にない、ということを付け加えておかなければならない。

第１章から第３章までの３つの章では、福島原発事故被災／被害当事者として直接身を以って体験させられた様々な問題のうち、主に避難をめぐる問題、放射能被ばくによる健康障害の問題、そして損害賠償問題の３つのテーマに絞って記述してきた。

本章ではこれらを踏まえながら、全般的な原子力開発と原発事故の問題群の中で、原発事故被災者／被ばく者である筆者が現時点で特に重要と考え、広く一般の方々に是非ともお伝えしなければならないと考えているテーマを抽出し、よりコンパクトな形でここにまとめてみることとする。

４・１　原発には常に重大リスクが付きまとっているが、そのことは常に隠されている

原発に絶対安全はない。これは紛う方なき真実である。問題は重大事故は「起きるか否か？」ではなく、「今度はいつどこで起こるか？」という問題なのである。

これは原発のプラントは未来永劫絶対に安全であるか？という問いと、住民はひとたび環境中に放出された放射性物質から安全に逃れきれるか？という問いと、人類は産業廃棄物たる使

用済み核燃料を永久に、そして完全に安全に管理しきれるか？　という三つの問いに対して、いずれも「否」であることを意味している。にもかかわらず、世界中の原子力利用推進集団はこの覆いようのない事実をあらゆる手立てを用いて隠蔽し、安全神話、安心神話を捏造し喧伝してきた。

これらのことは決して誇張でもなければためにする議論でもない。過去、世界各地で起きたあまたの核惨事を調べてみれば、これが真実であることは誰にでもすぐ分かるはずである。

4・1・1　通常運転時にも常に放射能は漏洩していて人々の健康を害している

原子力発電所が稼働しているあいだ、原子炉で産生される全ての放射性物質を完璧且つ永久に圧力容器ないし格納容器内に閉じ込めておくことができる（あるいは閉じ込めている）という事業者や監督官庁、あるいは原発推進派の原子力工学者達の主張は正しくはない。

現実には、常時大量のトリチウム（多くは液体状。気体状もある）が希釈（溶液の濃度を溶媒を加えて薄める）されて周辺環境に廃棄されているし、放射性希ガス（アルゴン、クリプトン、キセノン）も原子炉から漏出していることは周知の事実である。また、加圧水型原子炉（Pressurized Water Reactor：ＰＷＲ）では、タービンの回転軸周囲からの汚染水漏れが日常的に生じているとも言われる。

実は気体状並びに液体状の放射性物質を希釈して周辺環境に廃棄して良いとする行政指導は、次に示す昭和53年の省令に明記されているのである。

「実用発電用原子炉の設置、運転等に関する規則（昭和53年通商産業省令）」

気体状：廃棄施設において、ろ過、放射能の時間による減衰、多量の空気による希釈等の方法によって排気中の放射能物質の濃度をできるだけ低下させること。

液体状：排水施設において、ろ過、蒸発、イオン交換樹脂法等による吸着、放射能の時間による減衰、多量の水による希釈等の方法によって排水中の放射性物質の濃度をできるだけ低下させること。

つまり、稼働中の原発で生成される放射性物質は完全には閉じ込められてはおらず、また、トリチウムや希ガスは薄めて捨てれば良い、とされてきたのである。

田中俊一現原子力規制委員長が貯蔵タンクの中に大量に貯まっている液体トリチウムを薄めて海洋に捨てろと主張し続けているのは、こうした文脈上の認識なのであろう。しかしながら、希ガスや希釈したトリチウムが人体に無害ではないのであって、薄めて捨てれば大丈夫などという全く非科学的判断を、あたかも真理であるかの如く喧伝する人間を真っ当な科学者と呼べるはずはないし、このような行政指導を長年続けてきた経産省の経済重視・人命軽視の思想には恐怖すら覚えるのである。

トリチウムの危険性については既に序章で述べているのでここでは繰り返すことは避けるが、原発は事故を起こした時ばかりではなく、正常に稼働していても常にトリチウムや希ガス等の放射性物質を撒き散らしていて、乳ガンや糖尿病、膵臓ガン等をはじめとする重大な健康障害を確実に引き起こしていることが既に多くの学者によって指摘されている。

これは、ある意味では当然であり、原発は事故さえ起こさなければ安全であるというのもまた神話に過ぎないことに私たちは早く気付かなければならない。

4・1・2 重大事故は必ず起こる――世界中で重大事故は何度も起きている

東京電力はこれまで一貫して「事故は想定外の巨大津波によって引き起こされたもの」という立場を堅持して自らの過失責任を免れようとしている。この言い訳こそが原発過酷事故は想定外の要因で起き得ることを自ら認めたことになる。彼らの主張は、論理問題として、想定外の要因を想定することはできないが故に、想定外の要因によって原発過酷事故は起こり得る、という禅問答のような結論が導かれるのである。

従って3・11以降は、原発過酷事故は絶対に起きない、と確約することはもはや誰もできなくなったのであって、今後はこれを承知で原発再稼働を容認した全ての関係者はその責任をとって貰わなければならないことは明らかである。もっとも、責任をとれる筈などないことは既に福島原発事故が余すところなく示している。結局は再稼働を容認したものは全く無責任な決定を下した、ということになるのである。

このようにどこから考えても責任を果す事などできようもない原発という産業装置の稼働を容認することは、最近の流行言葉で言うならば、「今だけ　金だけ　自分だけ　の三だけ主義」を地で行くような己の利益のみを追い求め、他者に対する加害責任など取ろうとしない正に無責任集団の所業であると言わざるを得ないのである。

現に２０１６年（平成28年）４月に起きた「28年熊本地震」に際しても、当時国内で唯一再稼働している隣県の薩摩川内原発を停止させることを求める要請が各方面からあったが、安倍首相は「それは原子力規制委員会が判断すること」と述べ、再稼働時に高らかに宣言した「総理大臣の責任において再稼働させる」という前言を翻して自らの行政責任を回避したのである。また、再稼働を受け入れた責任を有する立地自治体からも、これまでのところ表立った意思表示はなされていない。

仮に28年熊本地震に関連して何らかの事故が起きた場合、一体誰がどのように責任をとり、どのような賠償がなされるのか、全く曖昧であることが改めて明らかになったのである（２０１６年（平成28年）７月に行われた鹿児島県知事選で、脱原発を掲げて原発推進者の現職知事を破って当選した三反園訓新知事が熊本地震との関連で薩摩川内原発の一時停止を求めたのに対して、九州電力も国も事実上一顧だにしていない）。

これに連なるものとして、最近、経済学者水野和夫氏は自著『国貧論』（太田出版　２０１６年）の中で大略以下のように記している。

> 「３・11」の意味というのは、自然との競争において技術が負けたということだと思います。それは技術が負けたと同時に、経済合理性も負けたということです。東北電力は専務だった

か副社長だったか、一人の人が女川原発は絶対に貞観地震のときの津波が来たところよりも上にしなければだめだ、と強く主張しました。東北電力の役員会では大反対されたのですが、原発の責任者が説き伏せて結局、高台につくりました。一方、東京電力のほうは、他の原発会社の人が福島に行って「ここはちょっと低いのではないか、もうちょっと高台のほうがいいのではないか」ということをやんわりと言ったら、何をこの田舎侍が東京電力に向かって批判するのだ、と言わんばかりのことを言われて、議論はそれきりになってしまったそうです。

　これはその電力会社の社長から直接うかがった話です。東京電力というピラミッド構造があって、その他は皆東京電力の言っていることを聞いていればいい、という雰囲気だったそうです。


そして水野氏は、東京電力のこの傲慢と貪欲が自然に負けたのだ、と結んでいる。付け加えるならば、安定ヨウ素剤の服用マニュアルの策定や、避難計画の策定といった防護策が必要とされること自体、原発が絶対に安全とは云えないことを裏書きしていることになるのであるが、そもそもこのように公衆に対して予め服薬や避難対策を立てておかなければならないような危険な民間産業装置を設置稼働して良いとするような産業が他にあるのだろうか？　筆者は寡聞にして知らない。

　なお、これまでに起きた世界各地の核惨事については第2章を参照されたい。

4・1・3　猛毒の使用済み核燃料を完全に無害化することはできない

原発の稼働によって恒常的に産出されるいわゆる「核のゴミ」処理問題は、原発を動かし始めてから半世紀以上を経過した今もなお解決できていない。今後も解決できるという見通しもないことは世界的にも明かなことである。

福島原発事故で撒き散らされた汚染物質の処理をめぐるいくつかの動きの中で、処理基準を大幅に緩めて「危険物ではないもの」に改変した上で一般廃棄物と同じ扱いで焼却したり、新たに建築用資源として再利用しようとしている最近の動きは、国民の健康問題をないがしろにしたご都合主義としか言いようのない〝誤策〟である。

高レベル放射性廃棄物を地下３００ｍのところに数万年単位で埋設して管理するという地層処分計画なども、筆者に言わせれば子供の戯言としか思えない。一口に数万年というがそれが個々の人間にとってどれ程の時間であるか、彼らは分かっているのであろうか。多分、机上の空論のつもりで言っているのだろうから、これはその場しのぎの言い訳でしかない。

いずれにせよ人類は、〝核のゴミ〟処理を安全に処分する方法を持たぬまま、無責任な核エネルギーの利用を世界規模で進めているのである。これほど無責任な核利用推進集団の言うことを一体誰が信じられると言うのであろうか。

4・1・4　真実を隠すために破格の広告費を費やしてプロパガンダを続けている

新聞やテレビの大手マスコミは、長年のあいだ原発推進集団からの巨額の広告宣伝費を貰っており、昔も今もこの巨大マネーを通じて原発推進関連企業集団の支配下に置かれている。その巨大マネーの出所は、私たちが払う電気料金と税金である。

これは戦前の大本営発表の報道姿勢を彷彿とさせるものである。これまで原発の危険性について事実をありのままに報道して来なかったし、再稼働問題への報道姿勢もごく一部の地方紙や良心的番組を除いては殆ど異議を唱えず、基本的には3・11以前とさほど変わらず、再び原発安全・安心神話を醸成し喧伝する役割を担っている。

そもそも原発が真に安全なものなのであるのならば、わざわざ巨額な費用を支払ってまで安全宣伝などする必要がないではないか。

4・2　原発過酷事故を安全且つ完全に収束させることはできない

原子力発電所の装置は、部分的にはそれぞれの目的に叶った装置を有しているのであろうが、膨大な部品からなる巨大な産業装置であるが故に、常に、永遠に、そして完璧に事故を防止し続けることは、理論上も実際上もあり得ない。それは、福島原発事故を含むこれまでの世界の原発事故の歴史を顧みれば既に立証済みである。

つまり原発過酷事故は必ず起こるのであって、次はいつどこで起こるか？　という問題なのであって起こるかどうか？　という問題ではない。さらに、原発過酷事故が起きた場合、すべての被災地域住民が被ばくせず安全に避難し切ることは不可能であり、また放射能汚染の心配もなく、全ての住民がほどなく元の地域に戻って生活を再開させたり、元の地域社会を完全回復させるということは絶対に不可能である。

4・2・1 ひとたび暴走し始めた原発を止める手立てはなく、炉心が溶融貫徹した原発事故を収束させることは不可能である

スリーマイル島原発事故やチェルノブイリ原発事故は連鎖的な核分裂反応を停止させることができずに起きた事故であり、チェルノブイリ原発事故では炉心の溶融と圧力容器の爆発によって大量の放射性物質が周囲の環境にばら撒かれた。

スリーマイル島原発事故では圧力容器の爆発的破壊はなかったとされるが、一次冷却水が水蒸気の形で大気中に放出されることによって高濃度の放射性物質が周囲にばら撒かれた。福島原発事故では地震発生直後に緊急に原子炉を停止させる「原発スクラム」が行われて「原発の暴走」は抑えられたとされるが、崩壊熱の冷却の失敗によって事故の進展をコントロールすることができず、ベントや水蒸気爆発によって大量の放射性物質をばら撒いてしまった、とされる。但し、MOX燃料を燃やしていた3号機の爆発が単なる水蒸気爆発だけなのかどうか、2号機では圧力抑制室が破損したとされるが原子炉圧力容器そのものの破損状態はどうなのか、といった疑問はいまだに解消されてはいない。

つまり、１９７9年から２０１１年までの32年間の間に起きた重大な3つの原発事故は、いずれも事故の発生を防止できず、初期段階での制御もできず、最終的には重大な結果をもたらした。

これらは、原発装置は他の産業装置と同じで絶対に事故は起こさないとは言えないばかりか、重大な原発事故の場合はひとたび暴走してしまえば途中で事故の進展を頓挫させる手立てはないことを示す「歴史的な事実」なのである。

4・2・2 すべての人間が無傷で安全に避難することなどできるはずがない

事故対応に当たる当事者はもちろん、警察や消防、自衛隊等の災害救助関係職員や搬送に関わる人達の被ばくも避けることができない。いかに完璧な計画を立てたと思ってもそれはあくまでも机上のものであって現実はその通りにならない。あらゆる場面を想定し、それに対応したあらゆる避難形態を計画して事前に訓練によって被ばくしないで完全避難ができる、ということは一種の神話でしかない。

避難計画がない、避難計画が不十分だ、とかの主張は、立派な避難計画があれば原発稼働を容認する条件の一つがクリアされる、という論理に加担することとなる。誰も被ばくしないで済むような避難計画や避難行動は絵に描いた餅でしかなく、現実に原発過酷事故が起きれば、その近くに住むあなたは間違いなく被ばくします、というのが誠実で正しい伝え方というものである。

これまでは、原発事故は起きない、という安全神話で人々を欺いてきたが、今度は避難計画という安心神話を刷り込むことで原発再稼働を進めようとする勢力の騙しの戦術にはまってはならない。

4・2・3 安全に避難できたとしても広大な地域は汚染され、完全な復旧再生は不可能であり、多くの人々は永久に帰還することはできない

チェルノブイリ原発周辺部では34万人が避難を強いられ、今なお30㎞圏内は居住できない避難区域となっている。そして、チェルノブイリに比して大甘な避難基準を急いで決めた福島原発事故では当初8万6０００人が強制避難の対象となり、２０１３年（平成25年）８月時点でなお１市4町2村の９２４４世帯（2万４８１８人）が事実上帰還できない帰還困難区域の対象になっている。

実際はこれまで様々な名称で一度は避難指示区域とされた地域の住民も、そしてまた避難指示区域外の住民も、今なお避難を継続していたり、故郷への帰還を断念して移住してしまった方も多い。その数は正確には分からないが２０１６年（平成28年）9月時点の発表によると、県外に避難している方4万人余、県内に避難している方4万5０００人余、計8万6０００人弱となっている。これらの人々はすべて福島県に住民票があるのかどうか、あるいはすでに移住してしまった人達はここで言う避難者にはカウントされないのかどうか、といった点について筆者には不明である。

因みに、２０１５年国勢調査時の福島県の総人口は１９１万４０３９人でこの5年間で12万２８４０人が減少（－5・7％の減少率）している。これは実数では北海道に次いで全国第2位、率でも秋田県に次いで全国第2位の減少率である。この5年間の全国平均減少率は約０・７％であるから、福島県では10万人以上が主には原発事故に関連しての減少数ということになるのであろう。

福島県は、部分的にではあろうが、明らかに壊されているのである。

4・3　発電装置としての原発を民間会社が経営することは、経済的にも技術的にも難しい

本来、原発は商業ベースに乗る産業ではないことが分かっていながら、国は国家の原子力政策の枢要な部分を原発という民間によるエネルギー産業という形で担わせる代わりに、総括原価方式という打ち出の小槌のような電力料金の承認や原子力損害賠償・廃炉支援機構の設置による事故対応への国家支援といった形で、結局は国が後始末をするという空手形をはじめから与えていた可能性がある。そうでなければ、これほどにリスクの高い発電装置を使って発電して販売する方式を全国（沖縄を除く）の各電力会社があまねく採用するはずがない、と今になって思うのである。

さらに、ひとたび事故が起きてしまえば巨額の賠償と廃炉費用が必要となり、電力会社の存続自体が危うくなる。世界のどこかで事故が起こるたびに、安全基準はより厳しくなり、要求される技術水準もより一層厳しくなって行く。

こうして負担すべき費用が青天井のように巨大化して行く中で、電力各社はこれまでの無限賠償責任制を改め、これからは有限賠償責任制度にすることを求めるようになってきているのも、けだし当然の動きである。つまり、民間電力会社は、費用負担の観点から、１００％自らの責任において原発を運転することはできない、ということを公然と表明するようになった、ということ

とである。

今後、我が国において原発を推進する主体は基本的には国であり、民間電力会社はその委託ないし庇護の下に原発を稼働させているのであって、いっさいの最終責任は国にある、という構図になるだろう。原発は基本的には準国営産業であって純粋な民間企業による営利産業ではなく、一種の国防産業の一環として民間に委託されているもの、と捉えるのが正しい見方であると言うべきであろう。

4・3・1　地球温暖化問題と原発

福島原発事故の前まで我が国は、二酸化炭素を排出しない原発の比率を高めることが地球温暖化防止の最良の手立てであると主張してきたし、わたしたち多くの国民もこれを受け入れてきた。

しかし、既にチェルノブイリ原発事故を経験していたヨーロッパ、特にドイツにおいては、20世紀末から脱原発というテーマに取り組んできていた。なぜなら原発が言われているほど地球温暖化防止には寄与しないし、再生可能エネルギーの活用こそが地球温暖化防止にとって究極的な選択肢になるという認識が広がっていたからである。

ウラン採掘に費やされるエネルギー、ウラン濃縮のために費やされるエネルギー、個体核燃料棒の製造に費やされるエネルギー、使用済み核燃料の処理に費やされるエネルギー、原子炉冷却水による海水の温暖化、発生するエネルギーが電気エネルギーに転換される熱効率の低さなど、様々な不都合な事実が明らかにされるようになってきた。

この問題に関してこれまで原発推進集団が主張してきたことは、事業を続けんがために捏造された一種の誇大広告の類でしかなかったのである。

4・3・2 民間産業としての原発の採算性

民間企業は営利を目的とした適法な産業活動を行う民間組織であるが、大なり小なり社会的責任を有する存在でもある。特に電気、ガス、化石燃料、運輸等のエネルギー関連企業はこれらを安定的に供給する責任があるし、行政も国民に不安を与えぬよう、これらの業界を監視指導する責任がある。

しかしながら、エネルギー産業といえども民間企業である以上自由競争に晒されるし、採算性を無視した経営などは考えられない。もし、リスクが高く長期的には採算性に問題が起きそうな場合には、経営路線を見直すことは当然起こり得ることである。

電力自由化によってよりリスクが低い発電方式を採用する企業が増えれば、高価格高リスクの原発企業は淘汰され、使用済み核燃料再処理費用や廃炉費用を調達できなくなることから、経済産業省は原発を持つ電力会社のみに出費を求めていたこれまでの方式を改め、国民全体から電気料金という名目でそのための費用を徴収しようとしている。さらに新電力会社からも送電線使用料（託送料金）の名目でその費用を徴収しようとしている。

これはもはや税に近い強制徴収制度であり、高速増殖炉もんじゅの廃炉が具体性を帯びる中で核燃料サイクル計画が行き詰まり、純民間産業としての原子力発電事業はもはや成立しないことを政府自らが立証しているようなものである。

４・３・３　再生可能エネルギーと地域循環型社会

発電装置としての原子力発電は、あらゆる角度からみてその存在を容認することは到底できないことはもはや明らかである。勿論、それと表裏一体の関係にある核兵器の存在もまた到底これを容認することなどできない。

原子力や化石燃料等以外の太陽光エネルギーを起源とする全ての再生可能エネルギーは、全地球的にみれば全ての人類が必要としているエネルギー総体を賄って余りあるほどに膨大である。

太陽から地球全体に照射される光エネルギーは約１８０ＰＷ（＝ペタ＝10の15乗）で、地上で利用可能なのはその１／１８０であるがそれでもこれは現在の人類のエネルギー消費量の50倍に相当するという説もある（Wikipedia 2016.10.7 より）。ということは、地球に降り注ぐ太陽光エネルギーの僅か０・０１％の利用率で全人類が必要なエネルギーは賄える、ということになる。それこそグローバルプロジェクトとしてこの太陽光エネルギーの利用計画に全世界が注力できるのなら、地球に住む全ての生命体にとってはどんなに素晴らしい未来が開けてくることであろうか。

再生可能エネルギーの利用を中核に据えた地域循環型社会の創出という壮大な事業は、20世紀型の既得権益集団との闘いを強いられるであろうことから、真剣にこれを進めるということは全地球的規模での革命的大事業ということになるであろう。

4・4　原発は一般法の適用を超えた超法規的な国家管理の領域に置かれている

２０１５年（平成27年）３月に原発再稼働を前に災害リスクを専門とする学者と民間調査会社が、原発・エネルギーに関する世論調査を実施したところ、再稼働に対して反対が70・８％、賛成が27・９％という結果が出た（企画立案者：東京女子大学広瀬弘忠・名誉教授）。他の調査でも常に過半数以上が原発再稼働に反対しているにもかかわらず、国は原発再稼働を止めようとしない。沖縄を除く９つの大手電力会社も再稼働を熱望しており、原子力規制委員会のお墨付きを得て次々と再稼働しており、40年廃炉の原則さえ破られようとしている。

民主主義国家とされるこの国において、国民の意思がこのように全く無視されて真逆の非民主的政策が推し進められるということは誠に異常なことである。なぜこのようなことがまかり通っているのであろうか。原発を止めれば大量の失業者を生んでしまうから止められない、などという理屈は通らない。何故なら国はこれまであまたの国営事業分野で民営化や配置転換を断行し、多くの民間企業が時代の流れの中で倒産・廃業を強いられてきたのであるから、このような身分保障の論理で説明することなど到底納得できる筈はない。

国が原発推進を止めないのには、もっと他の重大な理由がある筈である。

４・４・１ 原発と原爆は同根である

アイゼンハワー元アメリカ大統領が１９５３年の国連総会で「Atoms for Peace」と述べたのは、核被害の多発に恐怖を覚えて世界各地で取り組まれた核兵器廃絶への動きに対応した懐柔策であったことは、今ではよく知られた理解の仕方である。

元々原発は、核兵器に必要なウラン濃縮やプルトニウム製造のための原子炉を発電装置に応用したものであって、いわば核兵器産業から派生した副産物であるが、同時に核兵器製造に至る道程で不可欠な装置でもある。つまり、核兵器と原発は同根であり、表裏一体の関係になっていて、原発を運転し続けることは核兵器所有能力を保持し続けることでもある。

４・４・２ 原発問題は国内問題である以上に国際問題である

原発は様々な関連法規によって規制され、原子力規制庁や原子力委員会等の国家機関によって管理されている。過酷事故も基本的には国内問題として対処されているように見える。しかし、実は我が国の原子力政策はアメリカの意思が大きく働き、ＩＡＥＡを頂点とする国際原子力関連機関の監視下に置かれているのであって、国独自の判断で原子力政策を決めるということはそれこそ国の存亡にかかわるような、極めて重大な国家的決断を必要とするほどの最重要課題なのである。

２０１３年（平成25年）12月31日の東京新聞に、次のような記事が掲載されている。

IAEAと秘密指定条項　福島、福井　共有情報非公開に／東京新聞　2013年12月31日

国際原子力機関（IAEA）と福島、福井両県が結んだ相互協力の覚書に、IAEAか県か一方が要求すれば、共有している情報を非公開にできる条項が含まれていることが分かった。この条項については、県議会でも問題視されず、「特定秘密保護法の先取りにつながるのでは」という批判の声もある。

IAEAとの覚書は、福島県が昨年十二月、福井県が今年十月にそれぞれ交わした。福島県では、除染や放射性廃棄物の管理については県、放射線による健康影響調査については県立医科大がIAEAと締結した。覚書の詳細として「実施取り決め」文書があり、文書には「他方の当事者によって秘密として指定された情報の秘密性を確保する」と記された条項が含まれていた。

福井県でも原子力分野の人材育成に関してIAEAと協力を結んだが、その覚書にも秘密指定の文言があった。

両県とも、現段階で秘密指定された情報はないとしているが、事故情報や測定データ、子どもの甲状腺がんなどについて、県側かIAEAが、「住民の不安をあおる」などとして秘密指定すれば、その情報は公開されない恐れがある。

覚書の調整を担った外務省の担当者は取材に「国際的な交渉ごとなので、日本とIAEAのどちらが秘密指定条項を求めたかは言えない」としている。

ただ、両県の関係者によると、ＩＡＥＡには各国の行政機関と覚書を交わす際、秘密指定の文言を盛り込む規則があるという。

ＩＡＥＡはチェルノブイリ原発事故で「被ばくによる健康の変調はなかった」との報告書をまとめている。

福島原発告訴団の武藤類子団長は「ＩＡＥＡはチェルノブイリの健康影響について情報隠しをした前例がある。福島も二の舞いになるのでは」と懸念している。

このように、核被災現場を国際原子力機関が上から管理するという構図は世界的基準であり、ある意味では調査検討する前にはじめから結論が決められてしまっている体制である、と言わなければならない。

このように、原発稼働問題も原発過酷事故問題も、原発問題はすべてにわたって国際原子力管理体制の中で動いているのであるが、我が国の政府はそのことを殆ど説明しておらず、今は安心安全神話を作り上げるために国際原子力機関からのお墨付きを得ることに必死になっているように思えるのである。

4・4・3　国は原発事故損害に対してそれを完璧に賠償する意思はない

原発事故に対する国の責任は間接的且つ限定的であり、責任者である事業者は巨額な賠償を支払う財力はない。福島原発事故は、国や県並びに地元市町村は原発過酷事故による被害に対する第一責任者ではなく（責任集中原則）、巨額の財政出動がなされても、被災地と被害者の再生に直結する施策は極めて不十分なものに留まるものであることを明らかにした。除染や建物の解体と建設、道路や鉄道の建設等のインフラの整備等、物理的な事業が先行して建築土木関連企業が大いに潤っている反面、避難生活支援や地域再生支援等のソフト面への継続支援は早期に打ち切られて行く。加害者の賠償責任に関しても極めてあいまいで不十分な対応しか行わず、個々の被害者の生活権は深く侵害されたまま、次々と補償と支援が打ち切られて来た。事故後5年半を経た今、「いつまでも賠償が続く訳はない」という根拠のないキャンペーンの下で、ほとんどの賠償項目は既に打ち切られており、最長でも7－8年で全ての賠償を打ち切る方針が決定しているのである。ここには民法や刑法の法理が働かない治外法権的領域が存在しているのである。

4・4・4　放射線による健康障害に関連する全ての問題は、純粋な科学的検証作業が届かない領域に閉じ込められていて隠蔽、歪曲、捏造といった政治的操作が加えられるのが常である

国家は核被害の実態を全組織を挙げて隠蔽するのが常である。そしてその国家の意思を背後で支配しているのは資本主義国家では巨大財閥であり、社会主義国家では一党独裁体制の堅持という意思である。アメリカのビキニ環礁やネバダ核実験被害やソ連のウラル核惨事やカザフスタンのセミパラチンスク核実験被害等に対する米ソの対応にその源流が見て取れる。（広瀬隆：東京が壊滅する日、ダイヤモンド社、2016年 より）

核兵器と原子力発電所を所有している全ての国の権力者は、放射線関連諸科学が発する情報を

図表―4-1

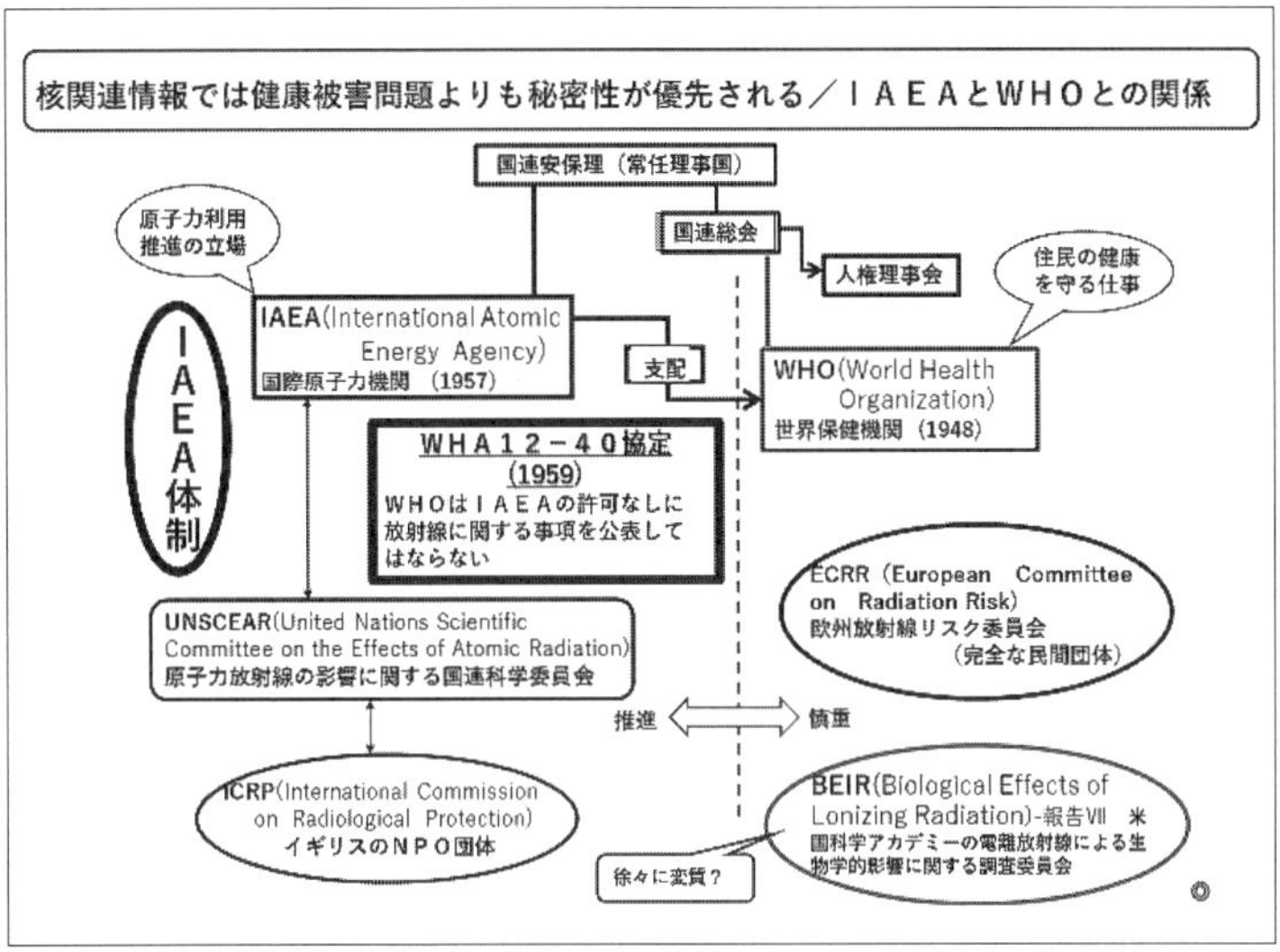

国民に伝える場合、常に政治権力のフィルターを通して選別し、しばしば事実を歪曲捏造し、また隠蔽するものであって、わが国にあってもそれは例外ではない。

その総元締めは直接的にはIAEAであり、それを管理している上部組織は国連常任理事国である。

図表―4‐1は、この国際原子力関連機関の国際組織上の位置を図示したものであるが、図の中程にWHA12―40協定（1959年）という記載があるが、これはIAEAとWHOの間に結ばれた「WHOはIAEAの許可なしに放射線に関する事項を公表してはならない」という主旨の協定で、これこそが原子力事故に基づく健康障害問題を隠蔽している国際的な権力機構の中軸的協定である。これによってWHO及び世界各国の保健医療機構は、独自の核被害対策を行うことを禁じられているのであり、我が国の厚生労働省がこの領域において全く機能していないこともここにその原因があるのであろうと思うのである。

ＩＡＥＡ体制とも指称すべきこの国際原子力支配体制は、核査察という権限によって常任理事国以外の国連加盟国の核兵器所有を規制している（現実にはその機能は不完全である）。同時に全世界の核エネルギーの管理及び推進に資する活動として被ばく問題に対する国際基準を定めて各国にその遵守を迫ることも大きな任務の一つである。これを科学的側面から支えているのが原子放射線の影響に関するＵＮＳＣＥＡＲであり、このＵＮＳＣＥＡＲは任意団体であるＩＣＲＰの影響を大きく受けている。このように、国連加盟国が国連総会よりも権力が上位にある国連常任理事国直轄のＩＡＥＡ体制から脱することは極めて難しく、我が国もその例外ではあり得ない。

原発過酷事故被災住民の避難基準や健康管理問題は、ＩＡＥＡやＵＮＳＣＥＡＲ、ＩＣＲＰ等の国際原子力機関の組織原理である「核エネルギー利用の堅持」という意思が色濃く反映されるものであるということは、よくよく知っておかなければならない事実であろう。そして、チェルノブイリ原発事故の放射線による健康障害は小児甲状腺がんと白血病だけであると断定したのもこのＩＡＥＡ体制であるということもまた、よくよく知っておく必要がある。

４・５　原賠法の「責任の集中原則」が有する政治的意図

原賠法は民法に優先する特別法であって、原発事故の賠償問題については不法行為を行った者には賠償責任があるとする民法７０９条は適用されない、と主張する東電はあくまでも原賠法のみによる対応を企図している。事故を起こした当事者を保護することをも条文に掲げていて、しかも関連するすべてのステークホルダーの責任は問わない、とする原賠法は憲法第98条第１項に違反している可能性もある。にもかかわらず政府経産省は福島原発事故後の原賠法の改定作業において、この違憲の可能性のある根幹部分をそのまま温存しつつ、事故を起こした電力会社の負担を減らして国や新電力を含む他の電力会社からの資金提供を増やす仕組みを作る方向で作業を進めている。つまりは電気料金や税によって国民の負担を増やしてでも原発推進策を堅持しようとしているのである。これは何としても核エネルギー政策を継続するという現政権の政治的意図をあからさまに示す一つの具体例であると言えよう。

４・５・１　本来は、原発を保有している電力会社以外の全てのステークホルダーにも責任がある

現行原賠法は、責任集中制を唱えていて、製造物責任法（ＰＬ法）の適用を受けないとしている。原発の中枢部を構成している圧力容器や冷却装置、そして原発プラントを構成しているあまたの部品やそれらの設置基準など、原発装置そのものの構造と安全性に関わる企業に責任がないとなれば、大きなモラルハザードが起きて製品や工法の質の劣化が起こるのは当然ではないだろうか。あるいはまた、金融機関や株主などのステークホルダーも、原発を持つ電力会社に投資しても自らの責任は問われないのであるから、そこには健全な市場原理は働かない。稼働を認可した政府経産省にも直接の賠償責任はない。

こんな民間産業が他にあるだろうか？

筆者の理解では、このような取り返しがつかない大惨事を引き起こした民間企業は当然のことながら倒産は免れないし、その関連企業・関連省庁は大なり小なり必ず責任が追及されるものであろう。しかし、こと原子力発電所の場合は、この一般的な企業の責任の取り方とは全く異なる世界なのである。しかも、これ程の甚大な事故を起こして多くの企業・事業所を倒産させ、多くの人々の生活を破壊しながら、東電も存続するし関連企業も何らの制裁も受けないで営業を続けることができ、関係省庁の誰も責任を取らないで済んでしまうのである。これほどに不公平で無責任な体制がまかり通るのであるから、原発に関連する企業や官僚は、今後も事故が起きても自らの責任を問われる心配はなくなり、安心して原子力産業の振興に取り組むことができるという保証が得られたと考えるであろう。

このような無責任体制下では、高速増殖炉もんじゅの場合に見るように、主導した官庁は自ら内省することもなく、企業のモラルは地に落ち、無責任な関連企業が大手を振ってのし歩き、原発を再稼働させ、海外へ輸出して再び原発で金儲けしようと企てる集団を活気づかせて行くことになるだけであろう。

なお、3・11以降の福島県政について言えば、自らをステークホルダーとして認識することなく、被害者意識だけで対応していたように思える。

4・5・2　問われるべき立地自治体の加害者責任

福島原発事故は原発に絶対安全はないことを世界に知らしめた。そして100％完璧な被ばく回避策はなく完全帰還もあり得ないことも分かった。さらに被災者への完全賠償もされない法体系であることも明らかとなった。

こうした認識に到達したポストフクシマのいま、それでも原発再稼働を求めているいわゆる立地自治体は、事故が起きた場合は加害者責任を果たす義務が生ずることになるのではないだろうか。ひとたび事故が起これば自分たちだけに被害が及ぶのではないことは百も承知で再稼働を求めるのだから、起きた事故の責任の一端は自分達も負うという自己責任の観念はまったくないのではなかろうか。

絶対安全な原発など存在しえないことを承知で稼働を求める理由は、より豊かな経済生活を営みたいというただその一点にあるのだから、今後は、事故が起きた場合に周辺地域が受けた被害に対しては、再稼働を容認した立地自治体にも賠償責任が発生するのだ、と言いたい。

第4章の補遺

これまでに検討を加えてきた諸々の課題について改めて振り返ってみた時に、筆者の脳裏に浮かんだのは、『原子力を利用しようとする利権集団にとっては、一般住民が蒙るであろうメルトダウンによる放射能被害はあらかじめ織り込み済みで予想している問題であり、それを起こさないために万全の策を講ずるというよりは、原発過酷事故が起きた場合に事故処理をどのように扱うかという対策の方を常に優先させてきた』というのは世界的事実である、ということである。もっと有体に言えば、たとえ重大事故が起きて深刻な人的物的被害が発生したとしてもそれへの対策は拠出可能な範囲での補償で決着させ、原子力装置の開発や稼働を放棄することは絶対にない、という強固な国家意思の存在についてである。

また、これは臨床精神科医としての筆者の、純粋に心理的な問題に関する主観的な考えなのであるが、一般に女性よりは男性において、そして小児や高齢の男性よりは青壮年の男性において、自然を支配しようという意欲は相対的に強いように思われる。これは時代や地域を越えた人間の本性に関する一部の真理と言って良いかも知れない。成長と共に次第に体力が向上し、これまで支配管理されていた少年時代から自らの意思で新しい世界へと船出した青年が、ある種の万能感を抱くようになることは、多くの成人男性が経験してきた心の変遷過程であろう。

真理の探究と自然の征服願望という、古今東西の自由人たる成人男性に象徴的に認められるこのような心性を抑え込むことは簡単ではない。厳しい戒律の宗教が支配する社会や絶対的権力者が支配する独裁体制の下では、こうした自由な男性成人に象徴される内発的欲求は抑え込まれるであろうが、法秩序さえ守れば原則的には個人の自由は保証される今日の民主主義社会にあっては、基本的に科学研究の自由は担保されており、状況によって国家はこれを推奨・利用することもある。

そのような人間の本性の発露である「核を科学すること」を抑えることはおそらく不可能なことなのであろう。これは例えば、「遺伝子を科学する」ことを抑えることが難しいであろうことと同じ次元の問題なのかもしれない。

こうした人間の本性を正確に認識し、その上で「科学的知見を人間の生活に応用する」場合の要件は極めて厳格に規定される必要があり、子どもたちや女性や社会的弱者の視点をも踏まえた、それこそ真のグローバルスタンダードを定めて世界規模で規制して行かなければならないものと思う。

科学技術の発展が行き着いた先に存在する核兵器と原発は、かくのごとく極めて困難な全人類的難題であることを改めて深く認識せざるを得ない。しかし、いかに困難な道程であっても、核兵器と原発というこの悪魔の装置をこのまま放置することは断じて認める訳には行かないということを原発被災者として声高に主張せずにはいられないのである。

終章

筆者は一介の精神科臨床医であり、原子力関連の膨大な学問体系や原子力産業構造についてはまったくの素人であって、福島原発過酷事故の被災／被害者となって初めてこの領域に近づき、俄か勉強を強いられた人間である。従って、本書に記した内容については、その道の〝専門家〟から見れば誤った理解や見当違いの意見ばかりでとても論評にすら値しない堕本であるとして切り捨てられるかもしれない。しかし、それでもなお筆者は間違いなく原発問題の当事者である。

ここで言う当事者という意味は二つあって、一つは原発事故被災者／被害者としての当事者であり、もう一つは今後の我が国の核エネルギー問題をどうするのかについて意見を有すべき日本国民としての当事者という意味である。その当事者がたとえその内容が学問的には疑義があろうとも、自らの体験への思いとそこから導き出した見解を公にすることは国民の基本的権利の行使であり、同時に一種の公的責務の遂行でもあろうと思う。

改めて言うまでもないが、福島原発過酷事故の災禍はまだ収まってはいない。大気中への放射性生成物の間歇的放出や海水への漏洩や意識的放出などはいまだに収まってはおらず、汚染はまだ進行中である。

そして、これまでに撒き散らされた放射能による健康障害はこれからが本格的に顕在化して来るおそれが強い。しかもそれは福島県内に限定される健康障害ではなく、濃淡の差こそあれ東日本全域で問題となって行く可能性がある。

このような現状にもかかわらず国は、東日本大震災の復興計画期間を10年とし、6年目の2016年（平成28年）3月を折り返し地点と位置づけて復興関連予算の減額に着手した。世論操作上これに包含させられてしまっている福島原発事故による災禍に対する対応も、帰還困難区域を除く避難指示の解除や賠償打ち切り、生活圏の山林の除染を断念させるなど、福島原発事故災害の幕引きに向けた動きが始まっている。

そして誠に残念ながら、この動きは加速化することこそあれ、止まることはないであろう。

少なからざる国民は、福島原発事故問題に関してはいまや食傷気味となっていて、あまり注意を払わなくなっているのかも知れない。あるいは、被災者は十分な賠償を手にして豊かな生活を享受していると誤解したり妬んだりしている人もいるかも知れない。本当は明日は我が身に起こり得るかも知れない原発過酷事故への国民の懸念や恐怖は、またも巧みな情報操作によってマインドコントロールされて薄らいでしまい、今度は安心神話に支配されようとしているのであろうか。

勿論、国民の過半数を超える人々は今なお原発のない社会を望んでおられるものと思う。しかしながら、行政、立法、司法に手懐けられた大手マスコミや経団連と同じ利害関係の電力総連などを含めた現在のこの国の権力行使者達は、この過半数以上の国民の声を無視し、原発の再稼働及び輸出政策を推進し、あるいは容認している。現政権は昨年（２０１５年（平成27年））、憲法の専門家が違憲と述べ、過半数の国民が審議不十分であるとして拙速な法制化に反対していた安保関連法案を強行可決した。専門家の意見や国民の意向を、自分たちに都合よく解釈して強引に物事を決めて行くこの政権の独裁性には大いなる不安と危惧を覚えるのである。これで果たして我が国が民主国家である、などと言えるのであろうか？

一般に、商品に値段をつけて販売するような経済活動や、相対立する利害を調整するような政治的行動の場などでは、法的なルールさえ維持されていれば損得問題が最高価値であって、「科学的真実」などは遵守されるべき矜持ではないのかも知れない。

しかし、少なくとも自然科学分野で仕事をする人間には、「自らが職業として従事している分野における科学的真実」を隠匿したり歪曲したりすることは許されず、科学的真実を踏まえて発言し、行動するという最低限度の責任がある筈である。

例えば、アルコールの過剰摂取は肝臓に対して悪影響がある、という科学的事実を主張する科学者が、それでもなお自らは毎晩少なからざる酒量の晩酌を楽しむ日常生活を送っているとしてもそれは非難されることではないであろう。しかしこれがもし、毎晩少なからざる酒量の晩酌を続けていて、自らの行為を正当化するためにアルコールの過剰摂取による健康被害は医学的には証明されてはいない、などと言ったら、途端に国民からの信頼を失い学者生命は終わるであろう。

ところが、原子力の世界ではどうやらこの種の不埒が3・11以降、横行している。原子力防護関連の多くの〝科学者〟達は、自分は放射線防護策を講じたりして安全地帯に居ながら、年間20ミリシーベルト以下の地域には住んでよろしい、と言っているのであって、これでは科学の名に値しないどころか暗愚政治を行っている擬い物の輩である、と言われても仕方がないであろう。

福島原発事故後に露わになったいわゆる専門家のとった行動はこれに類するものが横行し、〝専門家〟に対する国民の信頼は大きく失墜した。このことは当の専門家にとっては勿論のこと、何よりも国民にとっては誠に不幸なことであった。というのも、原発事故後に政府が新たに定めてきた諸々の新基準が果たして信用して良いのか否かが分らなくなってしまっており、一体どこまでが安全でどうすれば安心して生活できるのかが分らなくなってしまったからである。信頼できる専門家は一体誰なのか、国や県や市町村自治体の言うことはどこまで信じて良いのかもわからないまま、漠たる不安を抱えながら日々の生活を強いられているのである。

これまでに実に多くの〝専門家〟や専門行政官が原災地の住民の不評を買っているが、それらのトップランナーとして挙げられるのが3・11後に放射線リスク管理アドバイザーとして福島県から招聘された山下俊一長崎大／福島医大教授であろう。山下俊一氏は2011年（平成23年）4月1日に福島県飯舘村で行った講演で「放射線の影響は、実はニコニコ笑っている人には来ません。クヨクヨしている人には来ます。」等の暴言を吐いて住民への被ばくを黙認／増大させ、「国民の専門家への信頼」を一挙に崩壊させた。

しかしながら実は、この一件こそがその後の福島原発過酷事故への国の対応の原型となっていたことが今になって明らかとなってきている。

それは本文の中で見てきたように、避難基準線量問題を見ても、多発する小児甲状腺がん問題への対応にしても、賠償問題や帰還問題にしても、そして原発再稼働と輸出問題にしても、全てがこの山下俊一氏の一連の発言の中に国と原子力ムラ利権集団の原発問題に対する基本姿勢が図らずも表現されていたと言えるのである。つまり、3・11直後からの山下俊一氏の言動は、彼一人の跳ね上がりの逸脱行動などではなく、住民の不安を鎮静化させることを目的とした啓蒙活動を進めるために原子力産業界が送り込んだエースとして登場し、県内各地で堂々たる態度で講演して歩いたものである。事実、山下俊一氏は2011年（平成23年）4月5日発行の福島県医師会報で、「……不安と不信で苦しむ県民に対しては、各市町村を回り講演会や対話の集会を続けています。現地メディアや報道関係者の理解と協力を得て、一緒に放射線恐怖症の払拭や風評被害の軽減に尽力してもらいました……」と述べている。

これと符合するのが、集計ごとに増加する小児甲状腺がんの発生件数を前にしてもなお、被ばくとの関連性を一貫して否定してきた『福島県「県民健康調査」検討委員会』のこれまでの動きである。

この背景にあるのが、実は第4章（4・4・2）で言及した2012年（平成24年）12月にIAE

Aと福島県が結んだ相互協定の覚書ではないかと思われるのである。

これほどの小児甲状腺がんの多発見を前にして、「原発事故との関連は認めがたい」という姿勢を取り続ける同委員会と福島県立医大の姿勢は、「自らも利益を得るために迎合している」とでも考えなければ到底納得できるものではないからである。

さてしかし、福島県と県立医大が採っているこのような姿勢は、福島県内の大多数の医師の発言や行動に直接間接に大きな影響を及ぼしている可能性が大きい。というのは、医者の世界では他県でも普通に見られることであるが、福島県内の医師は大なり小なり県立医大との結びつきがあるので、医大と真っ向から対立することはなるべく避けたがる。仮に臨床現場で被ばくとの関連を疑うケースを扱ったとしても、これを症例報告として公表することは極めてハードルが高い。これまでUNSCEARは既に、チェルノブイリ原発事故後に生じた様々な健康被害のうち小児甲状腺がんと白血病だけが放射線被ばくとの因果関連があるのであって他の疾病は全て因果関連は認められないという見解を国際的に公式に発表していて、福島県立医大もまたこの国際基準に従った判断行動を採っているのであるから、県内の第一線の臨床家が県立医大の隠然たる権威的意向に逆らうことになりかねないような主張を行うことは非常に難しいのが現実である。

本文中でも触れたが、福島県内のみならず、近隣諸県から東北・関東圏全域において小児甲状腺がんのみならず、心臓血管系や脳血管性疾患等の循環器疾患、白血病や悪性リンパ腫等の血液のがんや他の固形癌などが以前より多発している可能性が高い。そして今後は放射線被ばくとの関連性を疑わざるを得ない様々な疾病や突然の死亡が、身近な人々に見られるようになる可能性が高い。しかしながら、誠に残念ではあるが、それにもかかわらず国際的にも国内的にも、福島原発事故に起因する疾患や死亡は認められないか、あったとしても極めて限定された少数範囲のものである、とする公式見解がまかり通って行くことになろう。

繰り返し述べてきたように、真実がねじ曲げられて、被災地域における被ばくに起因する健康障害の実態が隠蔽されて行く恐れが大きい現状の中では、既に被ばくしてしまった我々原発事故被災者／被害者は、国や〝専門家〟の公式発表を鵜呑みにせず、せめてもの自衛策として、一般の健康診断の他に、心電図、血液、便の潜血反応検査やがん検診等を含む検診を自ら積極的に、そして定期的に受けながら、今後何年間にもわたって自らの健康管理に留意して頂き、問題があれば可及的速やかに対処して欲しいと思うのである。被ばくしてしまった者にとっては、いま為し得ることは、このような方法での早期発見早期治療以外に道はないからである。勿論、このような被ばくに起因する健康障害問題に対しては、本来国や東電の責任において健康管理手帳を交付することなどを行い、無料の定期検診を何十年にも亘って組織的に実施されるべきものであることは当然であるが、今のところ東電も国もそうした責務を果たそうとはしていないことから、それが行われるまで座して待つ訳には行かないのであるから、誠に悔しいことながら、先ずは自分の健康は自分で守るという姿勢で対処して行く外はないのが現状なのである。

最後に、核の利用と国家権力の問題について述べておきたい。

この問題については既に多くの識者が言及しているので詳述は避けるが、核兵器と言い、原発と言い、兵器や産業エネルギー源としての核の利用という問題は国家権力の問題と切り離して考えることはできない。

核兵器の持つ非人道性や反生命性という根本問題についてはここで改めて述べるまでもないであろう。同様に原子力発電は常に放射性物質を放出していてこれを１００％制御することはできず、使用済み核燃料の処理問題も根本的に解決することはできないのであるから、原発もまたこれを用いてはならない産業装置であることが明らかとなった。

それにもかかわらず世界はこの危険な核兵器と原発を廃絶することができないでいる。

自国の独立を防衛するためには核兵器を持つ、あるいは核兵器保有能力を保持し続ける、という国家戦略を捨て去ることはできない、というのがその理屈である。ここから、原発もまた国防という国策の一環として位置づけられているが故に、原発は単なる一民間企業による発電問題などではなく、国の防衛政策と密接にリンクしている問題である、ということとなる。勿論その背後には、政権の後ろ盾となっている経済界の既得権益を死守するという命題が大きな重しとして存在しているのであるが……。

このように、国の核による防衛問題とも密接に関連し、政官財複合体が死守しようとしている原発を廃絶させることは容易ではない。

核兵器の廃絶を求める国際社会の動向をみると、早くも１９４６年1月には国連総会の場で第一号決議を採択して核兵器廃絶を求めているが、その後の冷戦時代にはこれとは全く逆方向の核開発競争が押し進められた。しかし近年に至って再び国際世論は核兵器廃絶を求める国が多数を占めるようになり、最近は核保有国たる国連常任理事国が少数派に追い込まれて防戦を強いられる局面も出てきており、わずかながらも未来への希望を繋いでいる。

こうした中で、広島、長崎、第五福竜丸、東海村ＪＣＯそして福島原発と、核兵器を持たない国としては世界でも突出した核被害大国たる日本が選択すべき道はおのずから明らかなはずである。にもかかわらず、２０１６年（平成28年）10月、我が国は国連の軍縮委員会での核兵器禁止条約の締結交渉開始決議案に反対票を投ずるという、驚くべき行動をとってアメリカのサポーター役を演じたのである。

発電装置としての原発が他に代替できない必要不可欠な産業プラントである、などという論理はもはや通用しなくなっている。原発推進派が最後の拠り所としてきた地球温暖化を防止する装置という理屈も既に破綻している。

新たな就業の場を地方に生みだし、地産地消を拡大して地方再生に大きく貢献するポテンシャルを持った再生可能エネルギーの活用こそが次世代のエネルギー政策として推進されることが強く望まれる。

原発問題は、これまでは専ら政治的経済的問題であったが、本来は倫理道徳哲学的課題でもあって単なる科学論や技術論の範囲内で決着のつくテーマではないことが今や明らかとなった。このことは逆に言えば、〝専門家〟や〝関係行政官〟が国民に対して上から目線で強権的に決めて良いテーマなどではなく、最終的には被害を受けた国民の体験的主張をも十二分に踏まえた倫理道徳哲学的判断によって存否が決せられるべき課題である、ということになる。

　そのためには、先ずは我々直接の被害者や一般の国民が原発に対する疑問の声を上げ、倫理道徳哲学的立場から国の官僚や専門家と対等の議論を行い、原発の存否問題に関して広範な国民的議論を展開し、その中から結論を見出して行くという真に民主的な手順を踏んで進めて行くことが必要であり、そのことを国に認めさせて行くことが必要である。


　本書の執筆を思い立ったのは、市井のささやかな生活やかけがえのない人間の命を奪ってでも、己の強欲を満たそうとして危険な核利用を進める新自由主義の道は誤りであることを明らかにし、何としてもそれを止めなければならないという思いを表明したかったためである。

　被災地で遊ぶ天使のような笑顔の子ども達の姿を見ていると、原爆と原発という悪魔を生み出してしまった大人達の強欲の構造を暴き、この悪魔と強欲を抑え込み、これをこの世界から駆逐しないでおく訳には行かないという思いにつき動かされるのは、ひとり筆者だけではあるまい。

参考にした主な出版物（発行年月順）

1．菅谷　昭：チェルノブイリ診療記　福島原発事故への黙示、新潮社、２０１１年７月（初版　１９９８年８月、晶文社）
2．スベトラーナ・アレクシェービッチ著（松本妙子訳）：チェルノブイリの祈り――未来の物語、岩波書店、２０１１年６月（初版本は１９９８年12月）
3．高木仁三郎：原子力神話からの解放――日本を滅ぼす九つの呪縛、講談社、２０１１年５月（初版は２０００年８月、光文社）
4．ＮＨＫ「東海村臨界事故」取材班：朽ちていった命～被曝治療83日間の記録、新潮文庫、２０１１年４月（初版２００２年10月、岩波書店）
5．グードルン・パウゼヴァング著（高田ゆみ子訳）：みえない雲、小学館、２０１１年６月（初版　２００６年12月）
6．ジェイ・マーティン・グールド著（肥田舜太郎、斎藤紀、戸田清他訳）：低線量内部被曝の脅威――原子炉周辺の健康破壊と疫学的立証の記録――、緑風出版、２０１１年４月
7．内橋克人：日本の原発、どこで間違えたのか、朝日新聞出版、２０１１年４月
8．小出裕章：原発のウソ、扶桑社、２０１１年６月
9．佐藤栄佐久：福島原発の真実、平凡社、２０１１年６月
10．内山　節：文明の災禍、新潮社、２０１１年９月
11．医療問題研究会編著：低線量・内部被曝の危険性――その医学的根拠――、耕文社、２０１１年11月

12．ユーリ・I・バンダジェフスキー著（久保田護訳）：放射性セシウムが人体に与える医学的生物学的影響　チェルノブイリ原発事故　被曝の病理データ、合同出版、2011年12月
13．大島堅一、除本理史：原発事故の被害と補償――フクシマと「人間の復興」、大月書店、2012年2月
14．市民と科学者の内部被曝問題研究会編著：内部被曝からいのちを守る　なぜいま内部被曝問題研究会を結成したのか、旬報社、2012年2月
15．外岡秀俊：震災と原発　国家の過ち　文学で読み解く「3・11」、朝日新聞出版、2012年2月
16．アーニー・ガンダーセン著（岡崎玲子訳）：福島第一原発――真相と展望、集英社、2012年2月
17．肥田舜太郎：内部被曝、扶桑社、2012年3月
18．核戦争防止国際医師会議（IPPNW）ドイツ支部著（松崎道幸監訳）：チェルノブイリ原発事故がもたらしたこれだけの人体被害　科学的データは何を示している、合同出版、2012年3月
19．福島県精神科病院協会編：精神科医療と東日本大震災・原発事故シンポジウム記録集、福島県精神科病院協会、2012年3月
20．東京新聞原発事故取材班：レベル7－福島原発事故、隠された真実、幻冬舎、2012年3月
21．福島原発事故独立検証委員会：福島原発事故独立検証委員会　調査・検証報告書、ディスカヴァー・トゥエンティワン、2012年3月
22．今西憲之、週刊朝日取材班：福島原発の真実　最高幹部の独白、朝日新聞出版、2012年3月
23．コリーヌ・ルパージュ著（大林薫訳）：原発大国の真実――福島、フランス、ヨーロッパ、ポスト原発社会に向けて、長崎出版、2012年6月
24．国会事故調調査（東京電力福島原子力発電所事故調査委員会）［報告書］［会議録］［参考資料］［要約版］［ダイジェスト版］、2012年6月

25. クリス・バズビー著（飯塚真紀子訳）：封印された「放射能」の恐怖　フクシマ事故で何人がガンになるのか、講談社、２０１２年７月
26. 小出裕章、渡辺満久、明石昇二郎：「最悪」の核施設　六ケ所再処理工場、集英社、２０１２年８月
27. 馬場朝子、山内太郎：低線量汚染地域からの報告　チェルノブイリ26年後の健康被害、ＮＨＫ出版、２０１２年９月
28. 一ノ宮美成、小出裕章、鈴木智彦、広瀬隆ほか：原発再稼働の深い闇、宝島社、２０１２年９月
29. 社団法人福島県病院協会編：東電原発事故被災病院協議会会議録（第１回～第15回）、社団法人福島県病院協会、２０１２年９月
30. 塩谷喜雄：「原発事故報告書」の真実とウソ、文藝春秋、２０１３年２月
31. 除本理史：原発賠償を問う――あいまいな責任、翻弄される避難者、岩波書店、２０１３年３月
32. アレクセイ・Ｖ・ヤブロコフ、ヴァシリー・Ｂ・ネステレンコ、アレクセイ・Ｖ・ネステレンコほか著（星川淳監訳／チェルノブイリ被害実態レポート翻訳チーム訳）：調査報告　チェルノブイリ被害の全貌、岩波書店、２０１３年４月
33. 日野行介：福島原発事故　県民健康管理調査の闇、岩波書店、２０１３年９月
34. 社団法人福島県病院協会編：東電原発事故被災病院協議会会議録Ⅱ（第16回～第23回）、社団法人福島県病院協会、２０１３年（平成25年）９月
35. ハッピー：福島第一原発収束作業日記　３・11からの７００日間、河出書房新社、２０１３年10月
36. 青沼陽一郎：フクシマ カタストロフ　原発汚染と除染の真実、文藝春秋、２０１３年12月
37. 落合栄一郎：放射能と人体　細胞・分子レベルからみた放射線被曝、講談社、２０１４年３月
38. 和田長久：原子力と核の時代史、七ツ森書店、２０１４年８月

39. 沢田昭二、松崎道幸、矢ケ崎克馬ほか：福島への帰還を進める日本政府の4つの誤り　隠される放射線障害と健康に生きる権利、旬報社、2014年9月
40. 日野行介：福島原発事故　被災者支援政策の欺瞞、岩波書店、2014年9月
41. 小出裕章、西尾正道：被ばく列島　放射線医療と原子炉、角川学芸出版、2014年10月
42. 添田孝史：原発と大津波　警告を葬った人々、岩波書店、2014年11月
43. NHKスペシャル『メルトダウン』取材班：福島第一原発事故　7つの謎、講談社、2015年1月
44. 古川元晴、船山泰範：福島原発、裁かれないでいいのか、朝日新聞出版、2015年2月
45. 古儀君男：火山と原発——最悪のシナリオを考える、岩波書店、2015年2月
46. 烏賀陽弘道：原発事故　未完の収支報告書　フクシマ2046、ビジネス社、2015年3月
47. 一般社団法人福島県病院協会編：東電原発事故被災病院協議会会議録（第24回〜第37回）、社団法人福島県病院協会、2015年5月
48. Study2007：見捨てられた初期被曝、岩波書店、2015年6月
49. 広瀬　隆：東京が壊滅する日——フクシマと日本の運命、ダイヤモンド社、2015年7月
50. 医療問題研究会編著：福島で進行する低線量・内部被ばく　甲状腺がん異常多発とこれからの広範な障害の増加を考える、耕文社、2015年8月
51. 宗川吉汪、大倉弘之、尾崎　望：福島原発事故と小児甲状腺がん——福島の小児甲状腺がんの原因は原発事故だ！——、本の泉社、2015年12月
52. 木村　朗、高橋博子：核の戦後史　Q&Aで学ぶ原爆・原発・被ばくの真実、創元社、2016年3月
53. 本間　龍：原発プロパガンダ、岩波書店、2016年4月

執筆を終えて

福島原発事故被災者として自分が体験したことを記録に留め、それを広く国民の方々に知って頂きたい、との思いで本格的に執筆を思い立ったのは一昨年（２０１５年（平成27年））10月に結腸ガンと診断された時からである。

この1年余の間、筆者に非常に近い人達が、咽頭がん、膵臓がん、肝臓がん、で亡くなったし、新たに肺がんが見つかった方もいる。筆者を含めると5名になるが、内4名は3・11以降の発病であり、3名は50歳代、60歳代での発病である。この他に、身近に心臓疾患の新規発症や悪化した人が3人いる。そして、事故前までに筆者が主治医として関わっていた患者さんも、把握しているだけでもこの5年間で14名の方が亡くなっている。

このような自身と身辺に起きている〝あまたのただならぬ健康異変〟は原発被災地ではしばしば見聞きする現象であり、これを単なる偶然や加齢現象、あるいはストレスや生活習慣病であるとして看過することは到底できない。

筆者の場合、幸いにして術後約1年が過ぎ、今のところは比較的順調に経過しているようだが、いつどうなるかは分からないという不安は消えることはない。

ＩＮＥＳ（国際原子力事象評価尺度）７というこれ以上のグレードランクがない最重大原発事故と評価された福島原発事故に見舞われた原発事故被災者は、厳密に言えば数千万人が被災し、少なくとも数百万人が確率的影響レベルの健康被害を生ずる可能性がある量の被ばくを強いられた可能性がある。特に３月11日から３月末に至る３週間ほどの間に環境中に放出された高濃度の数百種類の放射性物質による経口的、経鼻的、経皮的内部被ばくを含む初期被ばくの詳細に関しては、永遠に不明のままに葬り去られてしまった。初期外部被ばくに加えたこの初期内部被ばくが、数ケ月後から心臓血管系や脳血管系の疾患を引き起こし、次いで白血病や小児甲状腺がんを発症させ、さらなる年月の経過とともに免疫力の低下や血液がんや固形がんの発病を増加させて行く可能性は決して低くはないと思われる。こうした新たな健康障害の発生に見舞われている東日本の原発事故被災地では、自分や身近な人にいつか放射線障害が現れるのではないかという、漠たる不安から完全に解放されることはないのである。

勿論、職場や学校、人々とのつながり、地域社会生活、歴史と文化、将来の夢等々、人間の営みの総体を一方的に奪われた被災者の無念さは、到底筆舌に尽くせるものではない。たとえ失われたモノをすべて賠償され、今後の生活も永久に保障されたとしても、深く傷つき、心の奥底に重苦しく沈潜している喪失感と寂寥感と不安感は永遠に消えることはない。さらに言えば、安全神話で騙してきた原子力ムラ利権集団が、福島事故を総括もせずにまたもぬけぬけと原発を再稼働させようとしている姿を目の当たりにして、原発被災者の憎しみと怨念は薄らぐどころか益々強くなっている。

原発は安全でもなければ低コストでもない。原発が稼働しなければ電力不足に陥り、日本の産業と家庭生活は立ち行かない、などということはなかった。「再生可能エネルギーはベースロード電源にはならない」、という政府の言い分は、「再生可能エネルギーをベースロード電源とはしないことにした」と言っているのと同じことである。要は、何がなんでも原発だ、と言っているのである。発電装置としての原発は既にその首座から転落し始めているのに、である。従って「原発をベースロード電源にする」と主張していることは、「核兵器保有能力を確保し続ける」という現政権の思想を表明していることである、と受け止める他はない。

二つもの原爆を投下された我が国が、核武装して何を守ろうというのであろうか。世界は核廃絶に向けた静かな闘いを進めてきている。我が国がその闘いと連帯し、世界から核兵器をなくすための努力を積み重ねることこそが広島・長崎で被ばくした30万余の死者への国の責務の筈である。

本書にはこれらの様々な思いを込めた。実践不足や知識不足で正しくない記述もあるかもしれない。また、表現力不足で被災者の心情を十分に伝えることができていないかも知れない。

それでも、福島原発事故被災者から見た事故の経緯と健康への影響問題、そして東電と国の事故対応の実態について、どうしても自らが体験させられ、学んだことをひとつの報告書としてまとめておく必要があるであろうと考え、本書を執筆した。

これが、原発事故をめぐる諸問題に対して、いささかでも役立つことがあるならば、筆者にとっては誠に嬉しい限りである。

２０１６年（平成28年）12月

師走の仙台にて

著　者

著者略歴

渡辺瑞也（わたなべ・みずや）

1942年、福島県生まれ。1967年、東北大学医部卒業。精神科病院の開放化運動に取り組み、1982年より小高赤坂病院院長、2003年より理事長を兼任。病院は現在原発事故により休診中。

この間、日本精神神経学会理事、小高町医師会長及び相馬郡医師会理事、福島県精神保健福祉協会相双支部長、福島県病院協会東電原発事故被災病院協議会・ADR小委員会委員長、等を歴任。

Fukushima-hatsu　Fh選書

核惨事！（nuclear disaster）

———東京電力福島第一原子力発電所過酷事故被災事業者からの訴え

2017年2月25日　初版第1刷発行

著者……渡辺瑞也

装幀……臼井新太郎

発行所……批評社

〒113-0033　東京都文京区本郷1-28-36　鳳明ビル102A

Tel.……03-3813-6344　Fax.……03-3813-8990

郵便振替……00180-2-84363

Eメール……book@hihyosya.co.jp

ホームページ……http://hihyosya.co.jp

組版……字打屋

印刷……㈱文昇堂＋東光印刷

製本……㈱越後堂製本

乱丁本・落丁本は小社宛お送り下さい。送料小社負担にて、至急お取り替えいたします。

ISBN978-4-8265-0658-8 C0036